高等学校计算机基础教育教材精选

离散数学

杨文国　高　华　主　编

石　莹　吕佳萍　沈晓婧　副主编

U0284975

清华大学出版社

北　京

内 容 简 介

本书主要介绍了离散数学的基本内容和一些简单应用。全书共分5章,分别介绍命题逻辑、谓词逻辑、集合论、二元关系和图论。本书整体结构清晰,概念清楚,重点突出。为了方便学生理解掌握所学知识,本书配有大量习题,分别以判断题、单项选择题、不定项选择题、解答题等形式呈现,题目通俗易懂,做题灵活,方便学生随堂测试。本书是江苏省教育科学"十三五"规划研究课题的专项成果。

本书可以作为本科院校计算机科学与技术、软件工程、医学信息学以及其他理工科专业的教材,也可供喜爱数学的有关人员阅读。

图书在版编目(CIP)数据

离散数学/杨文国,高华主编.—北京:清华大学出版社,2019(2021.7重印)
(高等学校计算机基础教育教材精选)
ISBN 978-7-302-53274-3

Ⅰ. ①离… Ⅱ. ①杨… ②高… Ⅲ. ①离散数学—高等学校—教材 Ⅳ. ①O158

中国版本图书馆 CIP 数据核字(2019)第 138280 号

责任编辑:谢　琛
封面设计:何凤霞
责任校对:李建庄
责任印制:沈　露

出版发行:清华大学出版社
　　　网　　址:http://www.tup.com.cn,http://www.wqbook.com
　　　地　　址:北京清华大学学研大厦 A 座　　　邮　编:100084
　　　社 总 机:010-62770175　　　邮　购:010-83470235
　　　投稿与读者服务:010-62776969,c-service@tup.tsinghua.edu.cn
　　　质量反馈:010-62772015,zhiliang@tup.tsinghua.edu.cn
　　　课件下载:http://www.tup.com.cn,010-83470236
印 装 者:北京国马印刷厂
经　　销:全国新华书店
开　　本:185mm×260mm　　　印　张:6.5　　　字　数:152千字
版　　次:2019 年 9 月第 1 版　　　印　次:2021 年 7 月第 2 次印刷
定　　价:29.00元

产品编号:083952-01

前言

离散数学是数学中一门有着实际应用的理论应用数学,正是由于它的发展才推动了数字计算机和图论的发展。现实生活中电子电路的设计、列车线路的调度、城市结点间的最优主干路径的设计、地图着色等问题都是离散数学着力解决的内容。

为了适应高校教学的不断改革,强化应用,体现特色,我们结合中医药大学专业特点编写了本书,力图让学生看懂、学明白,抛开了大量专业的晦涩难懂的描述,结合实际应用和教学实践,用通俗化的语言进行描述。我们对本书的章节进行了精心安排,理论结合实际应用,将全书分为5章:命题逻辑、谓词逻辑、集合论、二元关系和图论,删除了晦涩难懂的数论部分。每章后配有大量习题。

本书第1、5章由高华编写,第2~4章由杨文国编写,书后习题由石莹、吕佳萍、沈晓婧编写,全书由蔡云、张倩、胡婷婷校对,由黄鑫海、袁建军、石仁祥完成统稿。

本书适合3学分的离散数学教学计划使用,也可供有兴趣的科技工作者自学或参考。

全书图形由 Inkscape 作图,公式由 LaTeX 编写,图形执行 SVG1.1 标准,LaTeX 执行 v3.0 标准。

本书是江苏省教育科学"十三五"规划 2018 年度课题:基于任务驱动下分块化的大学数学教学改革,项目编号:D/2018/01/76。本书也是全国高等院校计算机基础教育研究会计算机基础教育教学研究项目,项目编号:2019-AFCEC-221。同时,本书还是教育部产学合作协同育人项目,项目编号:201802271035。

最后感谢南京中医药大学信息技术学院领导和数学教研室同仁的大力支持。感谢南京林业大学高华博士的技术支持。

限于作者水平,书中难免有错误,希望读者不吝赐教。

杨文国　高华

2019 年 7 月

目录

第 1 章 命 题 逻 辑

1.1 命题与表示

生活中常常需要逻辑(logic),这个词常出现在悬疑小说或影视剧中,通常对它的理解就是:一段陈述能否支持或者反推另外一段陈述,强调语句之间的关系,但数理逻辑中的逻辑却与日常语言的逻辑推理有着一定差别,这主要是由于日常语言通常具有二义性或者多义性。

例如:一个女孩对男孩说:"随便点什么菜,我都爱吃",在数理逻辑上来说,男孩认为只要是自己点的菜这个女孩都爱吃,但是实际含义可能这个女孩是说:作为男朋友你应该知道我爱吃什么,又或者这个女孩只是生气地随口说说。

为了避免在数理逻辑中出现这样具有二义性的陈述或者表达,数学中引入了目标语言,而目标语言的**目标就是判断真假**,因而目标语言可以理解为**一种表达判断真假语言的汇集和组合**。这些表达判断的语句就是陈述句或命题。

一个命题必定是一个判断或一个真值[①],因而结果也必定有真假之分,我们把真假分别记作:

真(true)　　T 或 1

假(false)　　F 或 0

那么什么样的句子(sentence)才能称之为命题(proposition)呢? 它需要满足下面几个条件:

定义 1-1(命题)　一个命题是指一个能判断真假事实的陈述语句,且该陈述语句要么真,要么假。

(1) 作为一个命题,它首先是一个陈述句,疑问句、感叹句、祈使句等都不是命题。

(2) 作为一个命题,它最终表达的意思一定是确定的、唯一的判断值,既真又假或无法判断真假的都不是命题。

(3) 作为一个命题,它通常可以表达成:A 是 B[②]。

[①]　这里真值是指最终结果,并不是真假的真,而是由数理公式推导出的结果,按照不同的赋值公式,该(真)值的结果唯一。有时 **0、1 也被叫作布尔值**(Boolean)。

[②]　例如:他们都穿校服,可以扩展成:他们都是穿校服的;$A \geqslant B$ 可以扩展成 A 是不小于 B 的。

一个命题可以是一个**简单命题**①,也可以是一个**复合命题**。不可再次分割的命题称之为**简单命题**,由多个简单命题通过联结词组合成的命题称为**复合命题**。

【**例 1-1**】 确定下列句子是否为一个命题。

(1) 现在是几点?

(2) 小心前面的电线!

(3) $A+1 \geqslant B+C$。

(4) 如果明天老师不点名,我就不去上课了。

上述语句中可以快速判断出:

(1) 是疑问句显然不是陈述句,因而不是命题。

(2) 这是一句祈使句,因而也不是命题。

(3) 这是一个数学关系式,可以扩展成 $A+1$ 的和是大于 $B+C$ 的和;它的真假与 A、B、C 的赋值有关,所以无法确定真假,因而不是命题。

(4) 这一句是命题,只不过它是一个复合命题,前后两句可以分别扩展成:如果明天老师不点名,那么我是不去上课的。

有时候命题需要用数学符号来表示,因此离散数学中引入了**形式命题变量**,简称**命题变量**②。同计算机语言相似,命题变量是一个指代③,它可能指代一个简单的命题,也可能指代一个复合命题。通常我们有如下表示方法:

P:这是用字母表示的一个简单命题。

[1]:这是用序号表示的一个简单命题。

∇:这是一个用符号表示的简单命题。

一个命题变量的**形式**表示可以用多种方法,它的目的只是为了**便于数学推演**,只要推演过程中没有重复,那么它就可以被用作唯一的命题变量④。

与此同时,命题变量可以用于指代不同的**具体命题**⑤,而其真值取决于**具体命题**的内容和具体的环境,例如:

P:海洋是在地球上的。

P:人类不是灵长类。

根据需求一个命题变元可以指代不同具体命题。具体命题真值有时取决于命题环境,例如:海洋是在地球上的,在现今的天文学上是不成立的,因而在这个环境下是假的;但是在我们的地球上这是真的。依据具体条件的命题称之为**限定性条件命题**。

---

① 简单命题又称原子命题。

② 在一些书本上称为命题变元,为了使其便于理解,我们这里选用命题变量一词。

③ 一个命题变量指示一个命题,或者代表一个命题。

④ 这一点相对于计算机语言中对变量名称的严格要求较松,且大小均可。

⑤ 具体命题又叫特定命题或实体命题,它是相对于形式命题的。

1.2　联　结　词

简单命题组合成复合命题是需要一些辅助的联结词的,这一点和我们日常生活中的用语相似,例如:

（1）它是一只公猫**或**一只母猫。

（2）**虽然**他很帅,**但是**没什么本事。

（3）**因为**他做了很多好事,**所以**学校奖励了他。

这三个命题都是复合命题,通常理解上的联结词和数理逻辑中的联结词是有一定区别的。举例来说,同样是**"或"**,**现实中**,例(1)中这只猫要么是公的,要么是母的,这是一种**排他性**[①]的或,或者称之为**异或**。再如:他在唱歌**或**看电视,这里的或是一种**兼取或**,也就是这个人可能边看电视边唱歌。离散数学中将这两类或分别用两种不同的符号表示,而不是汉语中的同一个字。有时数理逻辑中的联结词在现实中根本无法用日常用语表达,但是这些联结词却在计算机科学及数字电路设计中是有应用价值的。为了明确一个数理逻辑中的联结词的意义,离散数学中引入了这样几个基本联结词,我们将联结词定义用表格形式做出,如表 1-1 所示,其中 P,Q 是形式命题变量。

表 1-1　基本联结词定义及取值真值表

名称	符号	对 应 词 语	真值判定方法	表达式	P 取值	Q 取值	真值
否定 neg	¬	不、不能、不行、不是、不可……	当 P 为 T,那么¬P 为 F; 当 P 为 F,那么¬P 为 T	¬P	1	—	0
					0	—	1
合取 and	∧	和、且、一同、也、一边……一边、不仅……而且、一起……	当且仅当 P,Q 均为 T 时,$P\wedge Q$ 为 T, 其余均为 F	$P\wedge Q$	1	1	1
					1	0	0
					0	1	0
					0	0	0
析取 or	∨	或、既……又	当且仅当 P,Q 均为 F 时,$P\vee Q$ 为 F, 其余均为 T	$P\vee Q$	1	1	1
					1	0	1
					0	1	1
					0	0	0
蕴含 if	→	如果……那么、因为……所以、由于、只有 Q……才 P……	当且仅当 P 为 T,Q 为 F 时,$P\rightarrow Q$ 为 F, 其余均为 T	$P\rightarrow Q$	1	1	1
					1	0	0
					0	1	1
					0	0	1

① 　排他性是指同时只有一种情况存在。

名称	符号	对 应 词 语	真值判定方法	表达式	P 取值	Q 取值	真值
等价 iff	⇌ ↔	当且仅当	当且仅当 P,Q 同为 F 或同为 T 时,$P \leftrightarrow Q$ 为 T, 其余均为 F	$P \leftrightarrow Q$	1	1	1
					1	0	0
					0	1	0
					0	0	1
异或 xor	⊕	要么……要么、不 是……就是……	当且仅当 P,Q 取值不同时,$P \oplus Q$ 为 T, 其余均为 F	$P \oplus Q$	1	1	0
					1	0	1
					0	1	1
					0	0	0

【例 1-2】 用适当的命题符号表示下列命题①。

(1) 学习数学不是一件容易的事;

(2) 在学校食堂吃饭不仅需要排队,还需要抢位置;

(3) 她可能在图书馆或者在宿舍;

(4) 如果地球是圆的,那么下的雪是黑色的;

(5) 这台计算机是正常运行的,当且仅当软硬件都没问题;

(6) 那只猫要么是公的,要么是母的。

解: 这类题首先设形式命题变量,再进行联结词组合,注意命题变量在不会混淆的情况下可以换不同符号表示。

(1) W:学习数学是一件容易的事。

$$\neg W:学习数学不是一件容易的事$$

(2) P:在学校食堂吃饭需要排队,X:在学校食堂吃饭需要抢位置。

$$P \wedge X:在学校食堂吃饭不仅需要排队,还需要抢位置。$$

(3) P:她可能在图书馆,Q:她可能在宿舍。

$$P \vee Q:她可能在图书馆或者在宿舍$$

(4) P:地球是圆的,Δ:下的雪是黑色的。

$$P \rightarrow \Delta:如果地球是圆的,那么下的雪是黑色的$$

(5) P:这台计算机是正常运行的,Δ:软硬件都没问题。

$$P \leftrightarrow \Delta:这台计算机是正常运行的,当且仅当软硬件都没问题$$

(6) P:那只猫是公的,Q:那只猫是母的。

$$P \oplus Q:那只猫要么是公的,要么是母的$$

除了基本的联结词外,还有一些因为计算机中高电平(＞3.75V 电压)占比过多会比

---

① 需要注意的是,为了严格化,我们并没有判断这些复合命题的真假,因为任何用语句表达的具体命题只有在限定性条件下才能确定真假。例如例 1-2(1),对于学霸来说这些确实是件容易的事。再如例 1-2(5),如果软硬件没问题,但是没电呢?因而一个具体的**语句命题**需要一定的语言环境。

较消耗电能,因而专门设计低电平(≈0V 电压)有效的电路的联结词,例如 nif,nor;另外一种用于减少计算机对多组值的过多判断的联结词,例如 nand,这些联结词可以使用表 1-1 的基本联结词构造出来,具体如表 1-2 所示。

表 1-2　计算机与电路设计专有联结词定义及取值真值表

名　称	符　号	真值判定方法	表达式	P 取值	Q 取值	真值
条件否定 nif	$\xrightarrow{C}$	当且仅当 P 为 T,Q 为 F 时,$P\xrightarrow{C}Q$ 为 T,其余均为 F	$P\xrightarrow{C}Q$	1	1	0
				1	0	1
				0	1	0
				0	0	0
与非 nand	$\uparrow$	当且仅当 P,Q 均为 T 时,$P\uparrow Q$ 为 F,其余均为 T	$P\uparrow Q$	1	1	0
				1	0	1
				0	1	1
				0	0	1
或非 nor	$\downarrow$	当且仅当 P,Q 均为 F 时,$P\downarrow Q$ 为 T,其余均为 F	$P\downarrow Q$	1	1	0
				1	0	0
				0	1	0
				0	0	1

需要注意的是,除了 ¬ 联结词外,其余的联结词都是需要两个形式变量参与的,我们称这种联结词只由一个形式命题参与组成的叫**一元联结词**,例如:¬ 就是一元联结词;联结词必须要两个形式命题参与组合的叫**二元联结词**,例如:∨ 就是二元联结词。

1.3　命题公式与真值表示

为了便于标准化的设计,离散数学中引入了标准化的命题公式。对于一个表达式来说,它**如果是一个命题公式**(或者合式公式),需要满足两个基本条件:

第一,首先它得是一个**形式命题**;

第二,**形式命题**由联结词重新组合也得是一个**形式命题**,或复合形式命题。

因而根据这两个条件可以知道:

(1) 命题公式是由命题变量和联结词组合而成的,且命题变量没有指代任何具体命题。

(2) 命题变量由联结词组合后**必须满足联结词的定义**。

为了标准化刚才所述,我们定义:

定义 1-2(命题演算的合式公式)

(1) 单个命题变量自身就是一个合式公式。

(2) 如果 A,B 均为合式公式,那么满足一元和二元联结词组成的命题也是合式公式。

(3) 有限次使用(1)(2)条件形成的公式也是合式公式。

满足上述要求的就是合式公式。

【例1-3】 判断下列哪些是合式公式：

(1) $\neg(P \land Q)$ (2) $(P \rightarrow (P \oplus Q))$ (3) $(P \rightarrow (\land Q))$ (4) $(\neg P, (P \lor S) \rightarrow W)$

解：(1) 括号中明显是命题公式，因而 $P \land Q$ 是一个合式公式。根据第二个条件，再添加一个一元运算还是合式公式。需要注意的是如果把 $(P \land Q)$ 当作一个整体 A，那么就会发现这个表达式实际上由两部分合式公式组成：

$\neg(P \land Q) = \neg A$，其中 $A = P \land Q$

因而很容易看出这是一个合式公式。

(2) 很明显 $P \oplus Q$ 是已知的一种命题公式，那么必然是一个合式公式，我们把 $P \oplus Q$ 当作整体 B，那么原命题可以看作两个合式公式的组合：

$(P \rightarrow (P \oplus Q)) = (P \rightarrow B)$，其中 $B = (P \oplus Q)$

因而很明显，这是一个合式公式。

(3) 表达式中 $(\land Q)$ 的 $\land$ 是二元联结词，但是**只出现了一个 Q** 因而 $(\land Q)$ 不是合式公式，那么显然整体也不是合式公式。

(4) $\neg P$ 和 $(P \lor S) \rightarrow W$ 是命题公式，但是在括号内的","号并不是联结词，因而 $(\neg P, (P \lor S) \rightarrow W)$ 并不是合式公式。

当确定是合式公式后，可以研究这些合式公式之间的相互关系，而最常用的方法就是真值表法和公式推演法，这里我们先介绍真值表。

真值表的方法类似于定义联结词的方法，例如需要研究合式公式 $(P \lor Q) \rightarrow \neg Q$ 的真值情况，可以按照：**先划分再由内到外的次序编写真值表**。

【例1-4】 编写 $(P \lor Q) \rightarrow \neg Q$ 的真值表。

首先划分基本联结词，那么分别有 $\lor, \rightarrow, \neg$，在**由内到外**编写真值表如下：

P	Q	$P \lor Q$	$\neg Q$	$(P \lor Q) \rightarrow \neg Q$
0	0	0	1	1
0	1	1	0	0
1	0	1	1	1
1	1	1	0	0

【例1-5】 编写 $\neg P \lor Q$ 的真值表。

P	Q	$\neg P$	$\neg P \lor Q$	$P \rightarrow Q$
0	0	1	1	1
0	1	1	1	1
1	0	0	0	0
1	1	0	1	1

我们发现 $\neg P \vee Q$ 与 $P \to Q$ 具有相同的真值表,因而可以认为这两个表达式是**等价**的,或者结果相同的。也就是说可以无差别地互相替换这两个表达式。

定义 1-3(等值) 如果两个命题公式 A, B 具有相同的真值情况,那么称这两个命题等价,记作 $A \Leftrightarrow B$。

等价具有这样的性质:如果 $A \Leftrightarrow B$ 且 $B \Leftrightarrow C$ 那么 $A \Leftrightarrow C$ 这叫等价传递。需要注意的是等价符号 $\Leftrightarrow$ 只用于过程推演,和 $\Leftrightarrow$ 相似意义的 $\leftrightarrow$ 用于表达式内。注意三个符号:$\Leftrightarrow$、$\leftrightarrow$、$=$ 的区别。

通过真值表可以得到如表 1-3 所示的一些等价公式。

表 1-3　基本等价公式

名　称	表　达　式	名　称	表　达　式
双重否定律	$\neg(\neg P) \Leftrightarrow P$	幂等律	$P \vee P \Leftrightarrow P \Leftrightarrow P \wedge P$
交换律	$P \vee Q \Leftrightarrow Q \vee P$ $P \wedge Q \Leftrightarrow Q \wedge P$	吸收率	$P \vee (P \wedge Q) \Leftrightarrow P$ $P \wedge (P \vee Q) \Leftrightarrow P$
结合律	$(P \vee Q) \vee R \Leftrightarrow P \vee (Q \vee R)$ $(P \wedge Q) \wedge R \Leftrightarrow P \wedge (Q \wedge R)$	零律	$P \wedge 0 \Leftrightarrow 0$ $P \vee 1 \Leftrightarrow 1$
分配律	$P \wedge (Q \vee R) \Leftrightarrow (P \wedge Q) \vee (P \wedge R)$ $P \vee (Q \wedge R) \Leftrightarrow (P \vee Q) \wedge (P \vee R)$	同一律	$P \wedge 1 \Leftrightarrow P$ $P \vee 0 \Leftrightarrow P$
摩根律	$\neg(P \vee Q) \Leftrightarrow \neg P \wedge \neg Q$ $\neg(P \wedge Q) \Leftrightarrow \neg P \vee \neg Q$	排中律	$P \vee \neg P \Leftrightarrow 1$
蕴含等值式	$P \to Q \Leftrightarrow \neg P \vee Q$	矛盾律	$P \wedge \neg P \Leftrightarrow 0$
等价等值式	$P \leftrightarrow Q \Leftrightarrow (P \to Q) \wedge (Q \to P)$ $P \leftrightarrow Q \Leftrightarrow (P \wedge Q) \vee (\neg P \wedge \neg Q)$	假言易位	$P \to Q \Leftrightarrow \neg Q \to \neg P$
归谬论	$(P \to Q) \wedge (P \to \neg Q) \Leftrightarrow \neg P$	排斥或	$P \oplus Q \Leftrightarrow \neg(P \leftrightarrow Q)$
等价否定等值式	$P \leftrightarrow Q \Leftrightarrow \neg Q \leftrightarrow \neg P$	与非	$P \uparrow Q \Leftrightarrow \neg(P \wedge Q)$
或非	$P \downarrow Q \Leftrightarrow \neg(P \vee Q)$		

注:德摩尔根律的推广:
(1) $\neg(A_1 \vee A_2 \vee \cdots \vee A_n) \Leftrightarrow (\neg A_1) \wedge (\neg A_2) \wedge \cdots \wedge (\neg A_n)$
(2) $\neg(A_1 \wedge A_2 \wedge \cdots \wedge A_n) \Leftrightarrow (\neg A_1) \vee (\neg A_2) \vee \cdots \vee (\neg A_n)$

有了等价公式,也就等于有了可以直接替换的表达式,我们就可以进行命题公式的推导。

【例 1-6】 证明 $\neg P \to (Q \oplus R) \Leftrightarrow (Q \leftrightarrow R) \to P$。

证: 参见表 1-3,证明如下:

过　程	缘　由
$\neg P \to (Q \oplus R)$	原公式
$\Leftrightarrow \neg(\neg P) \vee (Q \oplus R)$	等价代换 $\neg P \vee Q \Leftrightarrow P \to Q$
$\Leftrightarrow \neg(\neg P) \vee (\neg(Q \leftrightarrow R))$	等价代换 $Q \oplus R \Leftrightarrow \neg(Q \leftrightarrow R)$
$\Leftrightarrow P \vee \neg(Q \leftrightarrow R)$	对合律 $\neg \neg P \Leftrightarrow P$
$\Leftrightarrow \neg(Q \leftrightarrow R) \vee P$	交换律 $P \vee Q \Leftrightarrow Q \vee P$
$\Leftrightarrow (Q \leftrightarrow R) \to P$	等价代换 $\neg P \vee Q \Leftrightarrow P \to Q$

证结。上述证明在推导过程时可以只写左边的过程。

【例 1-7】 证明 $(P \land Q) \to (P \lor Q) \Leftrightarrow \mathbf{T}$。

证：参见表 1-3,证明如下：

过　　　程	缘　　　由
$(P \land Q) \to (P \lor Q)$	原公式
$\Leftrightarrow \lnot (P \land Q) \lor (P \lor Q)$	等价代换 $\lnot P \lor Q \Leftrightarrow P \to Q$
$\Leftrightarrow (\lnot P \lor \lnot Q) \lor (P \lor Q)$	摩根律 $\lnot (P \land Q) \Leftrightarrow \lnot P \lor \lnot Q$
$\Leftrightarrow (\lnot P \lor P) \lor (\lnot Q \lor Q)$	交换律 $P \lor Q \Leftrightarrow Q \lor P$
$\Leftrightarrow \mathbf{T} \lor \mathbf{T}$	否定律 $P \lor \lnot P \Leftrightarrow \mathbf{T}$
$\Leftrightarrow \mathbf{T}$	零律 $P \lor \mathbf{T} \Leftrightarrow \mathbf{T}$

证结。

从例 1-7 发现有些表达式的结果与命题变量 P, Q 的具体指代没有任何关系,像这个例子一样结果永远为真,我们称这种命题公式为**永真公式(tautology)**或者**重言式**。另外一类结果永远是假的表达式称之为**永假公式**或**矛盾式(contradiction)**。这两类均叫作**断言式**,我们给出具体定义:

定义 1-4(断言式) 当一个命题公式的任何命题变量取任意真假值时,命题公式的整体结果始终不变,我们称这种命题公式叫**断言式**。当断言式始终为假时,称该断言式为**永假公式**或**矛盾式**;当断言式始终为真时,称该断言式为**永真公式**或者**重言式**。

定理 1-1 任何两个断言式组合成的命题公式仍然是断言式。

定理 1-2 任何断言式的同一个分量用另外一个命题公式替换,该公式仍然是断言式,且真假不变。

显然对于**定理 1-1、1-2** 是由**定义 1-2** 分割出来的结果。对于**定理 1-1**:由于断言式的真假已知,所以它们用联结词的组合也必然真假确定。对于**定理 1-2**:断言式的结果与断言式中同一个分量的取值无关,所以最终结果也是断言式。例如:永真式替换所有的同一个分量后还是永真式。

【例 1-8】 已知 $(P \land Q) \to (P \lor Q) \Leftrightarrow \mathbf{T}$ 那么 $((W \oplus \mathbf{T}) \land Q) \to ((W \oplus \mathbf{T}) \lor Q)$ 的真值为 $\mathbf{T}$。

解：由于 $(P \land Q) \to (P \lor Q) \Leftrightarrow \mathbf{T}$ 是断言式中的永真式,那么可以令:

$$P = (W \oplus \mathbf{T})$$

替换后得到 $((W \oplus \mathbf{T}) \land Q) \to ((W \oplus \mathbf{T}) \lor Q)$,因而这是断言式的同一分量替换,因而还是断言式,且结果还是 $\mathbf{T}$,所以

$$((W \oplus \mathbf{T}) \land Q) \to ((W \oplus \mathbf{T}) \lor Q) \Leftrightarrow \mathbf{T}$$

1.4　对偶与范式

从上几节,尤其是表 1-3 可以看出,任何命题公式都可以由**基本联结词** $\lnot, \lor, \land$ 中任何几个组合而成,而且数字电路的设计确实使用了这些基本的联结词单元。为了把

命题公式便于记忆和实际使用,离散数学中设计了一套标准和方法,即对偶和规范式(或范式)。

例如我们发现表 1-3 中很多表达式只是对换了 ∧ 与 ∨,我们把这种操作叫作对偶操作。

定义 1-5(对偶操作)　在给定的命题公式 A 中,将原式中的联结词 ∨ 与 ∧ 互换,同时如果有 **T** 和 **F**,则将它们互换。我们称这样的操作叫做对偶化 A,得到的结果为 A^*。**显然 A、A^* 互为对偶式。**

【例 1-9】　写出 $(P \vee \mathbf{T}) \wedge (R \uparrow S)$ 的对偶式。

解:首先表达成只含基本联结词的表达式:　$(P \vee \mathbf{T}) \wedge \neg (R \wedge S)$

将表达式中的 ∧,∨ 互换得到:　　　　$(P \wedge \mathbf{T}) \vee \neg (R \vee S)$

将表达式中的 **T**,**F** 互换:　　　　　$(P \wedge \mathbf{F}) \vee \neg (R \vee S)$

这个结果就是原表达式的对偶式。

对偶操作通常是通过摩根律来实现的,因而我们可以得到下列一些性质定理:

定理 1-3(对偶的摩根实现)　设 A 与 A^* 是对偶式,如果 $P_1, P_2, \cdots, P_n$ 是组成 A 与 A^* 的原子命题,那么根据摩根律可以有:

$$\neg A(P_1, P_2, \cdots, P_n) \Leftrightarrow A^*(\neg P_1, \neg P_2, \cdots, \neg P_n)$$

或者

$$A(P_1, P_2, \cdots, P_n) \Leftrightarrow \neg A^*(\neg P_1, \neg P_2, \cdots, \neg P_n)$$

其中,表达式 $A(P_1, P_2, \cdots, P_n)$ 是指 A 是由 $P_1, P_2, \cdots, P_n$ 通过**基本联结词** ¬,∨,∧ 组合而成的。

定理 1-4(对偶等价)　若公式 A, B 均是由 $P_1, P_2, \cdots, P_n$ 组成,且 $A \Leftrightarrow B$,那么 $A^* \Leftrightarrow B^*$。

对偶化操作的主要作用是在命题推演和演化时快速得到原表达式的另外一种表达,正是这种方式才实现了对命题公式的规范化。

规范化的表达式有利于数字电路逻辑的简单实现,否则需要设计多个专用的逻辑电路原件,这对于设计成本来说是不利的。规范化有两种途径:第一种是输入端电路全部变为合取式形式,另外一种是全部变为析取式。

有时也发现存在形如 $P \vee Q$ 的表达式无法在具有三个输入变量 P, Q, R 的电路中直接实现,因为电路中 R 端必须有一个输入,要么是 **T**,要么是 **F**。我们可以将 $P \vee Q$ 表示成 $(P \vee Q) \wedge (R \vee \neg R)$,规范化正是起到了这种作用。下面我们来具体介绍范式。

定义 1-6(范式)　一个公式称之为范式,当且仅当可以表示:

$$A_1 \wedge A_2 \wedge \cdots \wedge A_n \text{ 或 } A_1 \vee A_2 \vee \cdots \vee A_n, (n > 1)$$

其中,前者称为**合取范式**,后者称之为**析取范式**,特别的:

(1) 在**合取范式**中 $A_1, A_2, \cdots, A_n$ 为**命题变量**或者其否定所组成的析取式。

(2) 在**析取范式**中 $A_1, A_2, \cdots, A_n$ 为**命题变量**或者其否定所组成的合取式。

对于范式的求解一般可以归纳为以下三个步骤:

(1) 将命题首先表示成基本联结词的命题。

(2) 利用摩根律将 ¬ 放在命题变量的前面。

（3）利用分配律、结合律实现范式。

当然对于上面的基本步骤，我们还可以用另外一种方式表达：

如果求解合取范式，那么除了用 $\land$ 联结外，只要括号内是析取表达式或者单个命题变量。如果求解析取范式，那么除了用 $\lor$ 联结外，只要括号内是合取表达式或者单个命题变量。

需要注意的是范式最终要得到结果并不是唯一的。

【例 1-10】 求解 $(P\rightarrow Q)\rightarrow R$ 的析取范式和合取范式。

解： 析取范式：

过　　程	缘　　由
$(P\rightarrow Q)\rightarrow R$	原公式
$\Leftrightarrow\neg(P\rightarrow Q)\lor R$	等价代换 $\neg P\lor Q\Leftrightarrow P\rightarrow Q$
$\Leftrightarrow\neg(\neg P\lor Q)\lor R$	等价代换 $\neg P\lor Q\Leftrightarrow P\rightarrow Q$
$\Leftrightarrow(P\land\neg Q)\lor R$	摩根律 $\neg(P\land Q)\Leftrightarrow\neg P\lor\neg Q$

满足析取范式 $A_1\lor A_2$ 形式，终止操作。

合取范式：

过　　程	缘　　由
$(P\rightarrow Q)\rightarrow R$	原公式
$\Leftrightarrow\neg(P\rightarrow Q)\lor R$	等价代换 $\neg P\lor Q\Leftrightarrow P\rightarrow Q$
$\Leftrightarrow\neg(\neg P\lor Q)\lor R$	等价代换 $\neg P\lor Q\Leftrightarrow P\rightarrow Q$
$\Leftrightarrow(P\land\neg Q)\lor R$	摩根律 $\neg(P\land Q)\Leftrightarrow\neg P\lor\neg Q$
$\Leftrightarrow(P\lor R)\land(\neg Q\lor R)$	分配律 $P\lor(Q\land R)\Leftrightarrow(P\lor Q)\land(P\lor R)$

满足合取范式 $A_1\land A_2$ 形式，终止操作。

对于例 1-10 的析取范式还可以表达成：【由合取范式结论推导】

过　　程	缘　　由
$(P\rightarrow Q)\rightarrow R\Leftrightarrow(P\lor R)\land(\neg Q\lor R)$	例 1-10 合取范式结果
$\Leftrightarrow[(P\lor R)\land\neg Q]\lor[(P\lor R)\land R]$	分配律 $P\land(Q\lor R)$
$\Leftrightarrow(P\land\neg Q)\lor(R\land\neg Q)\lor(P\land R)\lor(R\land R)$	分配律 $P\land(Q\lor R)$

显然这个表达式也是一个析取范式，但是一个命题公式具有一个或者多个范式对于电路设计者来说是噩梦，因而需要一个唯一的规范化的表达。为了得到一个唯一的结果，离散数学专门设计了**主析取范式**和**主合取范式**。首先定义两个概念。

定义 1-7（大小项） 对于有 n 个命题变量的表达式 $A_1\square A_2\square\cdots\square A_n$ 中，每个变元 A_i 只能选用 a_i 与 $\neg a_i$ 中一个，如果 $\square$ 代表的是 $\land$，那么称这个 n 元表达式为**极小项**或者**布尔合取**；如果 $\square$ 代表的是 $\lor$，那么称这个 n 元合取式为**极大项**或者**布尔析取**。

一般来说对于极大小项，如果有 n 个命题变量，那么会有 2^n 个极大项或者极小项。

例如：对于两个命题变量：P,Q 能组成的极小项有：

$P\land Q,P\land\neg Q,\neg P\land Q,\neg P\land\neg Q。$

极大项有：

$P \vee Q, P \vee \neg Q, \neg P \vee Q, \neg P \vee \neg Q$。

定义 1-8（主范式） 给定一个命题公式，若有一个仅由**极大项（小项）**通过**合取（析取）**组成的等价公式，那么这个等价公式就是给定命题的**主范式**。

其中：如果主范式由**命题公式整体取 T 时所指派**的**极小项析取**组成，那么这个主范式叫作**主析取范式**；如果主范式由**命题公式整体取 F 时所指派**的**极大项合取**组成，那么这个主范式叫作**主合取范式**。

下面我们给出两种推导主范式的方法：**指派真值法**和**等价公式推导法**。

定义 1-8 给定了一个判定方法，就是利用命题公式指派真值表的方法，或**指派真值法**。下面我们来具体介绍这种方法：

首先给出二元大小项的真值表，如表 1-4 和表 1-5 所示，这里我们使用布尔值表示。

表 1-4 双命题变量的极小项真值表与对应编码式

P	Q	对 T 应编码式	$P \wedge Q$	$P \wedge \neg Q$	$\neg P \wedge Q$	$\neg P \wedge \neg Q$
0	0	$m_{00} = \neg P \wedge \neg Q$	0	0	0	1
0	1	$m_{01} = \neg P \wedge Q$	0	0	1	0
1	0	$m_{10} = P \wedge \neg Q$	0	1	0	0
1	1	$m_{11} = P \wedge Q$	1	0	0	0

表 1-5 双命题变量的极大项真值表与对应编码式

P	Q	对 T 应编码式	$P \vee Q$	$P \vee \neg Q$	$\neg P \vee Q$	$\neg P \vee \neg Q$
0	0	$M_{00} = P \vee Q$	0	1	1	1
0	1	$M_{01} = P \vee \neg Q$	1	0	1	1
1	0	$M_{10} = \neg P \vee Q$	1	1	0	1
1	1	$M_{11} = \neg P \vee \neg Q$	1	1	1	0

其中 m_{ij} 的 i, j 分别指 P, Q 取 0，1 的情况，同理 M_{ij}。如果是三元那么 m_{ijk} 或 M_{ijk} 的 i, j, k 分别指 P, Q, R 取 0，1 的情况，其余以此类推。

从表 1-4、表 1-5 还可以得到一些大小项的性质：

（1）每个极小项（极大项）的真值指派与编码式相同时，其真值为 **T（F）**时，其余 $2^n - 1$ 种情况真值均为 **F（T）**。

（2）任意两个不同极小项（极大项）的合取（析取）式永假（真）。

（3）全体极小项（极大项）的析取（合取）式永真（假）即：

$$\bigvee_{i=0}^{2n-1} m_i = m_1 \vee m_2 \vee \cdots \vee m_{2n-1} \Leftrightarrow \mathbf{T}$$

$$\bigwedge_{i=0}^{2n-1} M_i = M_1 \wedge M_2 \wedge \cdots \wedge M_{2n-1} \Leftrightarrow \mathbf{F}$$

注：这里的 i 只是表示第几个极大项或者极小项，并不表示真值取值情况。

【例 1-11】 利用表 1-4、表 1-5 表示出命题 $P \rightarrow Q$ 的主析取范式和主合取范式。

由于表达式 $P \rightarrow Q$，只有一种取假的情况，即 $P = \mathbf{T}, Q = \mathbf{F}$，其余均为真。

主析取范式：根据 $P \rightarrow Q$ 取真值为 **1** 在表 1-4 对应的小项 m_{00}, m_{01}, m_{11}，因而它的主析取范式为：

$$P \rightarrow Q \Leftrightarrow m_{00} \vee m_{01} \vee m_{11} \Leftrightarrow (\neg P \wedge \neg Q) \vee (\neg P \wedge Q) \vee (P \wedge Q)$$

主合取范式：根据 $P \rightarrow Q$ 取真值为 **0** 在表 1-5 对应的大项 M_{10}，因而它的主合取范式为：

$$P \rightarrow Q \Leftrightarrow M_{10} \Leftrightarrow \neg P \vee Q$$

利用**等价公式推导法**进行求解主范式的方法是一种比较通用的方法，它包含这样几个步骤：

(1) 将表达式化为范式。

(2) 除去**析取(合取)范式**中所有的**永假(永真)**式。

(3) 除去重复的**合取(析取)**项，合并相同的变量。

(4) 析取范式中补充**合取**项中没有的变量($\Delta \vee \neg \Delta$)，合取范式中补充**析取项**中没有的变量($\Delta \wedge \neg \Delta$)，利用分配律展开，其中，$\Delta$ 代表缺少的变量。

(5) 按照字母表顺序排列大小**项内**变量顺序，按照二进制[①]顺序排列大小项。二进制排序中 Δ 表示 1，$\neg \Delta$ 表示 0。

(6) 循环(2)~(5)直到满足主范式要求。

【例 1-12】 求解 $(\neg P \wedge Q) \vee (P \wedge R)$ 的主范式。

解：题目要求主范式，那么应该需要分别求它的主析取范式和主合取范式。根据上述步骤可以得到：

主析取范式：由于原式是析取范式，则跳过第 1 步，同时没有重复和相同变量跳过 2、3 步。由于表达式中由三个变量 P, Q, R 组成，前一项缺 Q，后一项缺 R，那么：

$(\neg P \wedge Q) \vee (P \wedge R)$

$\Leftrightarrow (\neg P \wedge Q \wedge (R \vee \neg R)) \vee (P \wedge R \wedge (Q \vee \neg Q))$

$\Leftrightarrow ((\neg P \wedge Q \wedge R) \vee (\neg P \wedge Q \wedge \neg R)) \vee ((P \wedge R \wedge Q) \vee (P \wedge R \wedge \neg Q))$

第 5 步按字母表顺序各小项的内部，按二进制排序各小项

$\Leftrightarrow (\neg P \wedge Q \wedge R) \vee (\neg P \wedge Q \wedge \neg R) \vee (P \wedge Q \wedge R) \vee (P \wedge \neg Q \wedge R)$

$\Leftrightarrow (\neg P \wedge Q \wedge \neg R) \vee (\neg P \wedge Q \wedge R) \vee (P \wedge \neg Q \wedge R) \vee (P \wedge Q \wedge R)$

主合取范式：第 1 步求解合取范式

$(\neg P \wedge Q) \vee (P \wedge R)$

$\Leftrightarrow ((\neg P \wedge Q) \vee P) \wedge ((\neg P \wedge Q) \vee R)$

$\Leftrightarrow ((\neg P \vee P) \wedge (Q \vee P)) \wedge ((\neg P \vee R) \wedge (Q \vee R))$

第 2 步：去除永真式

$\Leftrightarrow (Q \vee P) \wedge (\neg P \vee R) \wedge (Q \vee R)$

跳过第 3 步，执行第 4 步补充缺项

---

① 二进制就是从 0 开始，逢 2 进 1，只用 0,1 表示。如果是二元变量，那么依次是 00/01/10/11 如果是三元变量，那么是 000/001/010/011/100/101/110/111。

$$\Leftrightarrow (Q \vee P \vee (R \wedge \neg R)) \wedge (\neg P \vee R \vee (Q \wedge \neg Q)) \wedge (Q \vee R \vee (P \wedge \neg P))$$
$$\Leftrightarrow (Q \vee P \vee R) \wedge (Q \vee P \vee \neg R) \wedge (\neg P \vee R \vee Q) \wedge (\neg P \vee R \vee \neg Q)$$
$$\wedge (Q \vee R \vee P) \wedge (Q \vee R \vee \neg P)$$

第 3 步去除重复项
$$\Leftrightarrow (Q \vee P \vee R) \wedge (Q \vee P \vee \neg R) \wedge (\neg P \vee R \vee \neg Q) \wedge (Q \vee R \vee \neg P)$$

第 5 步排序
$$\Leftrightarrow (P \vee Q \vee R) \wedge (P \vee Q \vee \neg R) \wedge (\neg P \vee Q \vee R) \wedge (\neg P \vee \neg Q \vee R)$$

1.5 推　　理

现实生活中以及数学、物理中经常会用到逻辑推理,它的表示形式常常是:由某些前提条件可以得到什么样的结论。例如初中物理中:当物体在光滑水平面上做低速匀速直线运动时,它的水平方向受力为零。这是在某种假设情况下的推论,例如它没有考虑空气阻力,但是这样的假设我们**认为是真的**,因为低速情况下空气阻力可以忽略,那么它的结论也**应该是正确的**。

为了研究现实问题的合理推断,离散数学引入了推理理论,这是基于**重言式或永真式**基础上的一种理论推理方式。这种方式总是假设整个命题为真,一般情况下假设前提条件为真,那么结论也是真,或者相反。下面给出数学定义:

定义 1-9(推论)　对于命题 H,C,当且仅当 $H \rightarrow C$ 是重言式,则称 H 可推导出 C,其中称 H 是 C 的**前提条件**,或 **H 蕴含 C**,称 C 是 H 的**结论**,表示为 $H \Rightarrow C$。

定义 1-10(n 元推论)　对于命题 $H_1, H_2, \cdots, H_n, C$,当且仅当
$$H_1 \wedge H_2 \wedge \cdots \wedge H_n \Rightarrow C$$
则称 $H_1, H_2, \cdots, H_n$ 是 C 的**前提条件组**。

定义 1-9 和定义 1-10 的区别是前者从宏观上定义了推论,后者是对前者的一个扩展。为了方便理解,我们这里重复列出表 1-1 的条件部分。

从定义 1-10 可以知道**前提条件组之间必须是合取**,且根据定义 1-9 知道作为推论必须是一个重言式,即**永真式**。

序号	H	C	$H \rightarrow C$
1	T	T	T
2	T	F	F
3	F	T	T
4	F	F	T

由于限定了整个表达式必须为永真式,所以当 H 为 **T** 时,结论 $H \rightarrow C$ 要为 **T**,那么 C 只能为 **T**;当 H 为 **F** 时,结论 $H \rightarrow C$ 要为 **T**,那么 C 可以为 **T** 或者 **F**。

推论性质

(推论的传递) 若命题 $A \Rightarrow B, B \Rightarrow C$,那么 $A \Rightarrow C$。

(推论的同一条件结果合并) 若命题 $A \Rightarrow B, A \Rightarrow C, \cdots$,那么 $A \Rightarrow (B \wedge C \cdots)$。

(推论的永真传递) 若 $A \Rightarrow B$,且 A 为永真式,那么 B 也必定是永真式。

推论的性质可以利用真值表来得到。

对于一个命题的推论的证明过程就是论证,论证有三种方式:**真值表、直接证明、间接证明**,下面我们用例子来说明。

1. 真值表法

【例 1-13】(真值表) 一次实验数据的误差可能是由于实验材料选取不当,或者是由于测量误差造成的;这次实验数据的误差不是由于实验材料选取不当,所以这次实验数据的误差是由测量误差造成的。

解:设命题变量为:

P:实验数据有误差是由于实验材料选取不当。

Q:实验数据有误差是由于测量有误差。

这道题一共分为两个不同的描述句,第一句描述了实验误差的缘由,第二句给出了一个命题和一个推论假设,而这两句最终要证明的是:这次实验的误差是由测量误差造成的。前提条件 $P \lor Q$ 是给定的,根据另外的条件 $\neg P$ 来推论结果 Q,那么这题的对应翻译是:

$$(P \lor Q) \land \neg P \overset{?}{\Rightarrow} Q$$

由于只是证明我们的推断对不对,所以这里引入符号 $\overset{?}{\Rightarrow}$ 是指暂时不确定,有待证明后才能确定是否可以推导出结论。在证明时改用 $\rightarrow$ 来证明其是否为永真式。即证明

$$((P \lor Q) \land \neg P) \rightarrow Q \Leftrightarrow 1$$

做出对应的真值表

P	Q	$\neg P$	$P \lor Q$	$(P \lor Q) \land \neg P$	$((P \lor Q) \land \neg P) \rightarrow Q$
0	0	1	0	0	1
0	1	1	1	1	1
1	0	0	1	0	1
1	1	0	1	0	1

显然无论指派何种真值表达式 $((P \lor Q) \land \neg P) \rightarrow Q$ 是永真式。因而可以得到结论:

$$((P \lor Q) \land \neg P) \Rightarrow Q$$

2. 直接证明法

在介绍直接证明方法前先补充真值表推导的蕴含式与等价式:

[1] 附加律: $A \Rightarrow (A \lor B)$ //或称为析取的引入

[2] 化简律: $(A \land B) \Rightarrow A,(A \land B) \Rightarrow B$ //或称为合取的消除

[3] 假言推理: $(A \rightarrow B) \land A \Rightarrow B$ //或称为分离规则

[4] 拒取式: $(A \rightarrow B) \land \neg B \Rightarrow \neg A$

[5] 析取三段论: $(A \lor B) \land \neg B \Rightarrow A$

[6] 假言三段论: $(A \rightarrow B) \land (B \rightarrow C) \Rightarrow (A \rightarrow C)$ //或称为传递规则

［7］等价三段论：　$(A \leftrightarrow B) \wedge (B \leftrightarrow C) \Rightarrow (A \leftrightarrow C)$

［8］构造性二难：　$(A \rightarrow B) \wedge (C \rightarrow D) \wedge (A \vee C) \Rightarrow (B \vee D)$

补充完蕴含式和等价式，下面介绍书写规则和两个用词：

P：premise 前提条件。

T：Transformation（转化）得到结论。

通常得到结论的部分会写成：

T：(1),(2)E　　　表示：由序号(1),(2)的表达式的等价公式联合得到的结果。

T：(1),I　　　　表示：由序号(1)蕴含得到。

对于直接证明的步骤：通常是根据结论去反向找前面的条件能给的结论。

【例 1-14】（直接证明）　$(P \vee Q) \wedge (P \rightarrow R) \wedge (Q \rightarrow S) \Rightarrow S \vee R$

证：

序　　号	过　　程	缘 由 公 式	缘 由 描 述
(1)	$P \vee Q$	P	前提条件
(2)	$\neg P \rightarrow Q$	T：(1)E	(1)的等价转换
(3)	$Q \rightarrow S$	P	前提条件
(4)	$\neg P \rightarrow S$	T：(2),(3)I	(2),(3)蕴含
(5)	$\neg S \rightarrow P$	T：(4)E	(4)等价转换
(6)	$P \rightarrow R$	P	前提条件
(7)	$\neg S \rightarrow R$	T：(5),(6)I	(5),(6)蕴含
(8)	$S \vee R$	T：(7)E	(7)的等价转换

注：实际解答时，缘由部分可以选择公式表示，或者描述。

证结。

3. 间接证明

间接证明顾名思义就是利用间接方法证明结论的正确性，最大的特点是充分利用要**已知结论或者条件**。例如利用结论或者条件的反证法，即利用不相容原理进行的推论方式，最直观的体现就是前提条件自相矛盾，或者结论的逆假设不成立，进而得证结论。再如利用**结论结果作为前置条件**的 CP（**C**onclusion **P**remise）方法，或称为附加题引入法。

我们先给出间接证明的简单结论形式所使用的不相容原理。

定义 1-11（不相容原理）　假设公式 $H_1, H_2, \cdots, H_n$ 中命题变量每组 $P_1, P_2, \cdots, P_n$ 的真值指派能够使得 $H_1 \wedge H_2 \wedge \cdots \wedge H_n = \mathbf{T}$ 那么我们称 $H_1, H_2, \cdots, H_n$ 相容，否则称为不相容。

如果 $H_1, H_2, \cdots, H_n$ 相容且 $H_1 \wedge H_2 \wedge \cdots \wedge H_n \Rightarrow C$，必然有 $C = \mathbf{T}$，因而加入 C 后：

$$H_1, H_2, \cdots, H_n, C$$

也是相容的，也就是说：

要证明结论 $H_1 \wedge H_2 \wedge \cdots \wedge H_n \Rightarrow C$，可以证明 $H_1, H_2, \cdots, H_n$ 与 $\neg C$ 不相容。

在具体证明前,添加两个述语:

aP:**a**dditional **P**remise(附加前提),就是从要证的结论中提取并转化的表达式。

Pa:**pa**radox(矛盾),也就是推导结果与假设矛盾。

【例 1-15】(不相容间接证明或归谬法) $(P \lor Q) \land (P \to R) \land (Q \to S) \Rightarrow S \lor R$

证:(反证法)

序 号	过 程	缘 由	缘由描述
(1)	$\neg(S \lor R)$	aP	附加前提
(2)	$\neg S \land \neg R$	$T:(1)E$	(1)等价转换
(3)	$P \lor Q$	P	前提条件
(4)	$\neg P \to Q$	$T:(3)E$	(3)等价转换
(5)	$Q \to S$	P	前提条件
(6)	$\neg P \to S$	$T:(4),(5)I$	(4),(5)蕴含
(7)	$\neg S \to P$	$T:(6)E$	(6)等价转换
(8)	$(\neg S \land \neg R) \to (P \land \neg R)$	$T:(7)I$	(7)蕴含
(9)	$P \land \neg R$	$T:(2),(8)I$	(2),(8)蕴含
(10)	$P \to R$	P	前提条件
(11)	$\neg P \lor R$	$T(10)E$	(10)等价转换
(12)	$\neg(P \land \neg R)$	$T(11)E$	(11)等价转换
(13)	$(P \land \neg R) \land \neg(P \land \neg R)$	$T:(9),(12)I,Pa$	(9),(12)蕴含,矛盾

证结。

间接证明的另外一类是 CP,或部分结论作为前置条件,基本原理为:

若要证:$H_1 \land H_2 \land \cdots \land H_n \Rightarrow (R \to C)$,这里为了简便我们令 $S = H_1 \land H_2 \land \cdots \land H_n$,那么即证明 $S \Rightarrow (R \to C)$,也就是要证明 $S \to (R \to C)$ 是不是永真式,根据等价替换有:

$$S \to (R \to C) \Leftrightarrow \neg S \lor (\neg R \lor C) \Leftrightarrow \neg(S \land R) \lor C \Leftrightarrow (S \land R) \to C$$

如果 $(S \land R) \to C$ 永真,即 $(S \land R) \Rightarrow C$,那么必然得到 $S \Rightarrow (R \to C)$,这就是 CP 规则。

从这段描述也可以看出这个名词的由来,即部分结论前置作为前置条件。

【例 1-16】(CP 间接证明) $(P \lor Q) \land (P \to R) \land (Q \to S) \Rightarrow S \lor R$

$$(P \lor Q) \land (P \to R) \land (Q \to S) \Rightarrow S \lor R \Leftrightarrow \neg S \to R$$

$$(P \lor Q) \land (P \to R) \land (Q \to S) \Rightarrow \neg S \to R$$

证:

序 号	过 程	缘 由	缘由描述
(1)	$\neg S$	aP	附加前提
(2)	$Q \to S$	P	前提条件

序　号	过　程	缘　由	缘由描述
(3)	$\neg S \rightarrow \neg Q$	$T:(2)E$	(2)等价转换
(4)	$P \vee Q$	P	前提条件
(5)	$\neg Q \rightarrow P$	$T:(4)E$	(4)等价转换
(6)	$\neg S \rightarrow P$	$T:(3),(5)I$	(3),(5)蕴含
(7)	P	$T:(1),(6)I$	(1),(6)蕴含
(8)	$P \rightarrow R$	P	前提条件
(9)	R	$T:(7),(8)I$	(7),(8)蕴含

证结。

1.6　联结词功能集

定义 1-12　$\{0,1\}$ 上的 n 元函数 $f:\{0,1\}^n \rightarrow \{0,1\}$ 就称为一个 **n 元真值函数**。

联结词 $\neg$ 实际上是一个一元真值函数：
$$f\neg(0)=1, \quad f\neg(1)=0$$
而联结词 $\wedge$、$\vee$、$\rightarrow$ 和 $\leftrightarrow$ 则都是二元真值函数：
$$f\wedge(0,0)=0, \quad f\wedge(0,1)=0, \quad f\wedge(1,0)=0, \quad f\wedge(1,1)=1$$
$$f\vee(0,0)=0, \quad f\vee(0,1)=1, \quad f\vee(1,0)=1, \quad f\vee(1,1)=1$$
$$f\rightarrow(0,0)=1, \quad f\rightarrow(0,1)=1, \quad f\rightarrow(1,0)=0, \quad f\rightarrow(1,1)=1$$
$$f\leftrightarrow(0,0)=1, \quad f\leftrightarrow(0,1)=0, \quad f\leftrightarrow(1,0)=0, \quad f\leftrightarrow(1,1)=1$$

问题：含 n 个命题变项的所有公式共产生多少个互不相同的真值表？显然互不相同的 n 元真值函数的个数为 2^{2^n}。如下 2 个命题变元，产生 16 个不同真值命题公式：

p	q	$F_0^{(2)}$	$F_1^{(2)}$	$F_2^{(2)}$	$F_3^{(2)}$	$F_4^{(2)}$	$F_5^{(2)}$	$F_6^{(2)}$	$F_7^{(2)}$
0	0	0	0	0	0	0	0	0	0
0	1	0	0	0	0	1	1	1	1
1	0	0	0	1	1	0	0	1	1
1	1	0	1	0	1	0	1	0	1
p	q	$F_8^{(2)}$	$F_9^{(2)}$	$F_{10}^{(2)}$	$F_{11}^{(2)}$	$F_{12}^{(2)}$	$F_{13}^{(2)}$	$F_{14}^{(2)}$	$F_{15}^{(2)}$
0	0	1	1	1	1	1	1	1	1
0	1	0	0	0	0	1	1	1	1
1	0	0	0	1	1	0	0	1	1
1	1	0	1	0	1	0	1	0	1

定义 1-13 在一个联结词的集合中,如果一个联结词可由集合中的其他联结词定义,则称此联结词为**冗余的联结词**,否则称为**独立的联结词**。

在联结词集$\{\neg, \wedge, \vee, \rightarrow, \leftrightarrow\}$中,由于$p \rightarrow q \Leftrightarrow \neg p \vee q$,所以,$\rightarrow$为冗余的联结词;

类似地,$\leftrightarrow$也是冗余的联结词。又在$\{\neg, \wedge, \vee\}$中,由于$p \wedge q \Leftrightarrow \neg(\neg p \vee \neg q)$,所以,$\wedge$是冗余的联结词。类似地,$\vee$也是冗余的联结词。所以$\{\neg, \wedge\}$和$\{\neg \vee\}$中均无冗余联结词。

定义 1-14 设S是一个联结词集合,如果任何$n(n \geq 1)$元真值函数都可以由仅含S中的联结词构成的公式表示,则称S是**联结词全功能集(或联结词完备集)**。如果S中不含冗余联结词,则称S为**极小全功能集**。

说明:(1)若S是联结词全功能集,则任何命题公式都可用S中的联结词表示。

(2)若S_1, S_2是两个联结词集合,且$S_1 \subseteq S_2$,若S_1是全功能集,则S_2也是全功能集。

例:联结词的全功能集实例:

(1) $S_1 = \{\neg, \wedge, \vee, \rightarrow\}$

(2) $S_2 = \{\neg, \wedge, \vee, \rightarrow, \leftrightarrow\}$

(3) $S_3 = \{\neg, \wedge\}$

(4) $S_4 = \{\neg, \vee\}$

(5) $S_5 = \{\neg, \rightarrow\}$

(6) $S_6 = \{\uparrow\}$

例如,在联结词集$\{\neg, \wedge, \vee, \rightarrow, \leftrightarrow\}$中,由于$p \rightarrow q \Leftrightarrow \neg p \vee q$所以,$\rightarrow$为冗余的联结词;类似地,$\leftrightarrow$也是冗余的联结词,例如$\{\neg, \wedge, \vee\}$是功能完备的,但不是极小全功能集。

定理 $\{\uparrow\}$,$\{\downarrow\}$都是联结词完备集。

证:已知$\{\neg, \wedge, \vee\}$为联结词完备集,因而需证明其中的每个联结词都可以由$\uparrow$定义即可。

$$\neg p \Leftrightarrow \neg(p \wedge p) \Leftrightarrow p \uparrow p$$
$$p \wedge q \Leftrightarrow \neg\neg(p \wedge q) \Leftrightarrow \neg(p \uparrow q) \Leftrightarrow (p \uparrow q) \uparrow (p \uparrow q)$$
$$p \vee q \Leftrightarrow \neg\neg(p \vee q) \Leftrightarrow \neg(\neg p \wedge \neg q) \Leftrightarrow \neg p \uparrow \neg q \Leftrightarrow (p \uparrow p) \uparrow (q \uparrow q)$$

可知$\{\uparrow\}$是联结词完备集。类似可证$\{\downarrow\}$是联结词完备集。

1.7 习 题

1-1 判断下列语句是否为命题。

1. 最大素数存在吗?

2. 明年的中秋节是晴天。

3. 我正在说谎。

4. 我们干什么?

5. 我们是中国人。

6. 请勿随地吐痰!

7. 今天是晴天吗？

8. 人间正道是沧桑。

9. 我们高兴极了！

10. 今天心情特别好！

11. 中华人民共和国的首都是北京。

12. 张三是学生。

13. 雪是黑色的。

14. 太好了！

15. 人的死或重于泰山，或轻于鸿毛。

16. 牙好，胃口就好。

17. 鸡毛也能飞上天？

18. 若雪是黑色的，则太阳从东方升起。

19. 不经一事，不长一智。

20. $x+5>6$。

1-2 判断下列命题真值。

1. 任意两个不同极大项的析取式是重言式。（   ）

2. 任意两个不同极小项的合取式是矛盾式。（   ）

3. 所有极小项的析取式一定是矛盾式。（   ）

4. 所有极大项的合取式一定是重言式。（   ）

5. 设 P,Q 是两个命题，当且仅当 P,Q 的真值均为 T 时，$P \leftrightarrow Q$ 的值为 T。（   ）

6. 命题公式 $(A \wedge (A \to B)) \to B$ 是一个永真式。（   ）

7. $\{\neg, \wedge\}$ 是最小功能完备联结词集合。（   ）

8. 命题公式只有重言式和矛盾式。（   ）

9. 各个极大项的真值表都不相同。（   ）

10. 各极小项的真值表可能相同。（   ）

1-3 将下列命题符号化。

1. p：你努力，q：你失败。除非你努力，否则你将失败。

2. p：他聪明，q：他用功。他虽聪明，但不用功。

3. p：你努力，q：你失败。只要你不努力，你将失败。

4. p：我听课，q：我看小说。我不能一边听课，一边看小说。

5. p：天下雨，q：我走路上学。只要不下雨，我就走路上学。

6. p：天下大雨，q：他在室内运动。除非天下大雨，否则他不在室内运动。

7. p：上午下雨，q：我去看电影，r：我读书，s：我看报。假如上午不下雨，我就去看电影，否则我就在家里读书或看报。

8. p：小王打篮球，q：小王打网球。小王只会打篮球不会打网球。

1-4 设 p：天下雪；q：我将进城；r：我有时间。试把下列公式译成自然语言。

1. $r \wedge q$　　2. $\neg (r \vee q)$　　3. $q \leftrightarrow (r \wedge \neg p)$　　4. $(q \to r) \wedge (r \to q)$

1-5 单项选择题。

1. 下列各命题中真值为真的命题是( )。
   - A. $2+2=4$ 当且仅当 3 是奇数
   - B. $2+2=4$ 当且仅当 3 不是奇数
   - C. $2+2\neq4$ 当且仅当 3 是奇数
   - D. $2+2\neq4$ 当且仅当 3 不是偶数

2. 下列语句中,( )是真命题。
   - A. $x+2=4$
   - B. 我们要努力学习
   - C. 不会吗
   - D. 如果时间流逝不止,你就可以长生不老

3. 含有 6 个命题变元的具有不同真值的命题公式的个数为( )。
   - A. 2^6
   - B. 6^2
   - C. 2^{6^2}
   - D. 2^{2^6}

4. 下列语句是真命题的是( )。
   - A. 请相信老师吧!
   - B. $x+y>0$
   - C. 明年中秋节是晴天
   - D. $xy>0$ 当且仅当 x 和 y 都大于 0 或 x 和 y 都小于 0

5. 从真值角度看,命题公式的全部类型是( )。
   - A. 永真式
   - B. 永假式
   - C. 永真式,永假式
   - D. 永真式,永假式,可满足式

6. 命题公式 $(p\rightarrow q)\rightarrow(p\wedge r)$ 中含有( )个极小项。
   - A. 1
   - B. 3
   - C. 5
   - D. 7

7. 命题公式 $(p\rightarrow q)\rightarrow r$ 中含有( )个极大项。
   - A. 2
   - B. 3
   - C. 4
   - D. 5

8. 由 2 个命题变元 p 和 q 组成的不等值的命题公式的个数有( )。
   - A. 2
   - B. 4
   - C. 8
   - D. 16

9. 若公式 $(P\wedge Q)\vee(\neg P\wedge R)$ 的主合取范式为 $M_{000}\wedge M_{010}\wedge M_{100}\wedge M_{101}$ 则它的主析取范式为( )。
   - A. $m_{001}\vee m_{011}\vee m_{110}\vee m_{111}$
   - B. $M_{000}\vee M_{010}\vee M_{100}\vee M_{101}$
   - C. $M_{001}\vee M_{011}\vee M_{110}\vee M_{111}$
   - D. $m_{000}\vee m_{010}\vee m_{100}\vee m_{101}$

10. 若公式 $(P\wedge Q)\vee(\neg P\wedge R)$ 的主析取范式为 $m_{001}\vee m_{011}\vee m_{110}\vee m_{111}$ 则它的主合取范式为( )。
    - A. $M_{000}\wedge M_{010}\wedge M_{100}\wedge M_{101}$
    - B. $m_{001}\wedge m_{011}\wedge m_{110}\wedge m_{111}$
    - C. $M_{001}\wedge M_{011}\wedge M_{110}\wedge M_{101}$
    - D. $m_{000}\wedge m_{010}\wedge m_{100}\wedge m_{101}$

11. 下列( )组命题公式是不等值的。
    - A. $\neg(A\rightarrow B)$ 与 $A\wedge\neg B$
    - B. $\neg(A\leftrightarrow B)$ 与 $(A\wedge\neg B)\vee(\neg A\wedge B)$
    - C. $A\rightarrow(B\vee C)$ 与 $(A\wedge\neg B)\rightarrow C$
    - D. $A\rightarrow(B\vee C)$ 与 $\neg A\wedge(B\vee C)$

12. 下列等值式成立的是( )。
    - A. $P\rightarrow Q\Leftrightarrow\neg P\rightarrow\neg Q$
    - B. $P\vee(P\wedge R)\Leftrightarrow P$

C. $P \wedge (P \rightarrow Q) \Leftrightarrow Q$ D. $P \rightarrow (Q \rightarrow R) \Leftrightarrow (P \wedge Q) \rightarrow R$

1-6 下列哪些是联结词全功能集？哪些是极小联结词集？

1. $\{\neg, \wedge\}$ 2. $\{\neg, \uparrow\}$ 3. $\{\rightarrow, \leftrightarrow\}$ 4. $\{\neg, \wedge, \vee\}$

5. $\{\neg, \leftrightarrow\}$ 6. $\{\neg, \vee, \wedge\}$ 7. $\{\neg, \vee\}$ 8. $\{\wedge, \rightarrow\}$

1-7 不定项选择。

1. 下述命题公式中,是可满足式的为(　　　)。

     A. $Q \rightarrow (P \vee Q)$ B. $(P \wedge Q) \rightarrow P$

     C. $\neg(P \wedge \neg Q) \wedge (\neg P \vee Q)$ D. $(P \wedge R) \vee (Q \wedge S)$

     E. $(P \rightarrow Q) \rightarrow (\neg P \vee Q)$

2. 下列 5 个命题公式中,是永真式的有(　　　)。

     A. $(p \vee \neg q) \rightarrow q$ B. $p \rightarrow (p \vee q)$

     C. $p \rightarrow (p \wedge q)$ D. $\neg p \wedge (p \vee q) \rightarrow q$

     E. $(p \rightarrow q) \rightarrow q$

3. 下列命题公式中是重言式的有(　　　)。

     A. $P \vee Q \wedge R \rightarrow \neg R$

     B. $P \vee (P \wedge Q)$

     C. $(\neg P \vee Q) \leftrightarrow (P \rightarrow Q)$

     D. $P \rightarrow (Q \leftrightarrow P)$

     E. $\neg P \rightarrow (\neg P \leftrightarrow \neg P)$

1-8 求出下列命题公式的主析取范式和主合取范式。

1. $(p \rightarrow q) \wedge ((q \wedge r) \rightarrow \neg(p \wedge r))$

2. $(P \rightarrow Q) \rightarrow P$

3. $(P \leftrightarrow Q) \leftrightarrow ((P \rightarrow Q) \wedge (Q \rightarrow P))$

4. $(P \wedge Q) \rightarrow (P \vee Q)$

5. $\neg(P \rightarrow Q) \wedge Q$

1-9 证明题。

1. 推理证明下列各题的有效结论。

(1) $\neg(p \rightarrow q) \rightarrow \neg(r \vee s)$, $(q \rightarrow p) \vee \neg r$, $r \Rightarrow p \leftrightarrow q$

(2) $p \wedge q \rightarrow r$, $\neg r \vee s$, $\neg s \Rightarrow \neg p \vee \neg q$

(3) $\neg p \vee \neg s$, $p \rightarrow q$, $r \rightarrow s \Rightarrow \neg p \vee \neg r$

2. 证明下述推理的有效性。

如果今天是星期四,那么我有一次数字逻辑或离散数学测验;如果离散数学课老师有事,那么没有离散数学测验。今天是星期四并且离散数学老师有事,所以,我有一次数字逻辑测验。

3. 用归谬法推证下列各题的有效结论。

(1) $p \rightarrow q$, $(\neg q \vee r) \wedge \neg r$, $\neg(\neg p \wedge s) \Rightarrow \neg s$

(2) $(p \rightarrow q) \wedge (r \rightarrow s)$, $(q \rightarrow t) \wedge (s \rightarrow u)$, $\neg(t \wedge u)$, $p \rightarrow r \Rightarrow \neg p$

第 **2** 章 谓词逻辑

2.1　谓词与命题函数

命题是一个表示判断的陈述句。有时命题很复杂,有时命题是一个简单的原子命题。当然一个最简单的命题可以再次分割为主语、谓语和宾语来研究,为了约束和准确地表达、判断一个最小的命题,并且使得这个命题具有现实意义,离散数学中引入了**谓词**与**客体**的概念。

在日常语言学习中,谓词可能只是简单地表达一个动作或者一个属性的动词;在离散数学中谓词只会出现在表达判断的陈述句中。例如:

(1) 他**是**一个运动员。

(2) 小明的身高**高于**小花。

(3) 他**认为**法国队可以战胜克罗地亚队。

与日常语法相同的是,一个陈述句**一般分为主谓宾**①三个部分,其中"是""高于"和"认为"都是谓词或者谓语。谓语前面的称为主语,谓语后面的称为宾语。

如果宾语描述的是主语的一个属性或者一个性质,那么这个主语称为**客体**,宾语叫作**属性**,且称这个原子命题为**一元谓词**,它描述的是**客体具有某个属性**;如果宾语不是属性,那么主语和宾语均叫作**客体**,且称这个原子命题为**二元谓词**,它描述的是**两个客体之间的关系**。**多元谓词**显然和二元谓词一样也是描述多个客体之间的关系。

定义 2-1(简单命题表示)　当一个命题只由一个谓词和一些客体组成时,我们称这个命题为简单命题,同时表示为:

$$V(a,b,c,\cdots)$$

其中 $V(verb)$ 表示谓词,$a,b,c\cdots$ 表示各个具体客体,一般用小写字母表示。

简单命题是相对于复杂命题而言的,例如第 1 章中由联结词组成的复合命题就是复杂命题。需要说明的是,由于谓词不同,**V 可以像命题变量一样用其他字母代表**一个谓词,一般用大写字母表示。

【例 2-1】　表示如下命题:

---

① 有时候日常用语可以省略宾语,但是这要具体到语言环境中。实际上这种省略只是没有表述出来,但是实际上还是有宾语的,同样主语有时候也会这样的。

（1）他**是**一个运动员。

（2）小明的身高**高于**小花。

（3）他**认为**法国队可以战胜克罗地亚队。

（4）x **小于** y **且大于** z。

解：（1）令 a 表示他，V 表示一个运动员，那么原命题可以表示成 $V(a)$。

（2）令 a 表示小明的身高，b 表示小花的身高，V 表示高于，那么原命题可以表示成 $V(a,b)$。

（3）令 a 表示他，b 表示法国队可以战胜克罗地亚队，V 表示认为，那么原命题可表示为 $V(a,b)$。

（4）令 a 表示 x，b 表示 y，c 表示 z，V 表示小于…且大于…的，那么原命题可表示为 $V(a,b,c)$。

我们发现对于第二问，小明的身高**高于**小花：$V(a,b)$ 中 a,b 是不可以调换顺序的，否则就变成了相反的意思。也就是说，当 V 所代表的意义确定时，里面的客体变量一般不能随意更改顺序。

定义 2-2（简单命题函数）　当一个表达式只由一个**谓词**和一些**客体变量**组成时，我们称这个命题为**简单命题函数**，表示为：

$$V(X_1,X_2,X_3,\cdots)$$

其中 V 表示谓词，$X_1,X_2,X_3,\cdots$ 表示各个客体变量。此时命题函数不是一个命题，只有指定具体客体后才是命题，此时只要对 $X_1,X_2,X_3,\cdots$ 指定具体客体 $x_1,x_2,x_3\cdots$。

定义 2-3（命题函数定义域）　当简单命题函数的客体变量 X 指定了范围集合 S，那么这个范围称之为命题函数定义域 S。

上述两个定义和中学阶段的函数的定义意义基本相同，区别只是指定的意义不同而已。下面我们举例说明。

【例 2-2】 将下列命题改用命题函数和联结词表示：

（1）小明学习很不错，那么小明工作起来也是很不错的。

（2）小明的身高高于小花，小花的身高高于小张，所以小明身高高于小张。

解：（1）设 x：小明，$S(X)$：X 学习不错，$W(X)$：X 工作不错，那么原命题可以表示为：

$$S(x)\rightarrow W(x)$$

（2）设 x：小明，y：小花，z：小张，$H(X_1,X_2)$：X_1 身高比 X_2 高，那么元命题可以表示为：

$$H(x,y)\wedge H(y,z)\rightarrow H(x,z)$$

但是有一类简单命题却不太好表示，这一类主要是由于客体定义域的选择造成的。例如：当 x 未知时，我们说"x 是本科生"，如果 $x\in S$，其中 S 是某某大学本科班级里的学生，那么这个"x 是本科生"是真的，且很明显 S 中任意一个学生都是本科生。

如果 S 是某个小学班级里的学生，显然"x 是本科生"是假的，而且 S 中任意一个学生都不是本科生。

如果说 S 表示这个小学班级里面的小学生连同任课老师在内（假定任课老师是本

科),那么显然"x 是本科生"可能是假也可能为真,而且只能说 S 中存在一个人是本科生。为了描述这种任意和存在,我们引入两个量词:**任意、存在**。

定义 2-4(存在与任意)   用**存在**描述至少有一个具体客体 x 满足规定的属性,记 $(\exists x)$,读作存在 x 或至少存在一个 x;用**任意**描述所有的具体客体 x 均满足规定的属性,记 $(\forall x)$,读作对任意的 x 或对所有的 x。

【例 2-3】 用量词表示如下命题:

(1) 所有的自然数都是正数,当然也存在一个负数。

(2) 所有整数或是正数或是负数。

解:(1) 设 x:自然数,$S(X)$:X 是正数。那么原命题可以直观地将两句话分别表示成:(考虑 0 的正负性)

$$(\forall x)S(x) \wedge (\exists x)\neg S(x)$$

(2) 设 x:整数,$I(X)$:X 是整数,$P(X)$:X 是正数,$N(X)$:X 是负数。

$$\forall x(I(x) \rightarrow (P(x) \vee N(x)))$$

2.2 谓词公式与翻译

第 1 章中我们介绍了命题的合式公式,命题的合式公式可以含有最简单的真值,也可以含有简单的原子命题,下面要介绍的就是在命题的合式公式基础上再次约束到谓词公式上的合式公式。可以对比参照**定义 1-2**。

定义 2-5(谓词合式公式 wff)   如果谓词公式满足下列要求,我们称它为谓词合式公式或简称**谓词公式**:

(1) 单个简单谓词函数自身就是一个合式公式。

(2) 如果 A,B 均为合式公式,那么满足一、二元联结词组成的命题也是合式公式。

(3) 如果 A 是合式公式,x 是 A 中出现的任何变量,则 $(\forall x)A,(\exists x)A$ 也是合式公式。

(4) 有限次使用(1)、(2)、(3)条件形成的公式也是合式公式。

满足上述要求的就是谓词合式公式。

显然**定义 1-2** 与**定义 2-5** 仅仅只有细微的差别。这主要因为**定义 1-2** 包含**定义 2-5** 的缘故,或者说**定义 2-5** 细化了对原子命题的约束。在谓词的约束中还有一类约束起到了很关键的作用,这类约束主要是为了在命题演算中起到严格化过程的作用。这类约束叫作**作用域、管理域、辖域、约束域**。

定义 2-6(作用域)   谓词公式中量词 $\forall x$ 或 $\exists x$ 所指定的客体变量 x 的作用范围称之为作用域。其余再指定作用域的称之为**自由变量**或**无约束量**。

下面对作用域的几个要点做说明:

(1) **括号规则**   量词的作用域通常使用括号表示,如果只是单个量词或单个简单命题可以不加括号,只对量词加括号。例如:$\forall x(\neg S(x,y) \vee A(x))$ 或者 $\forall x(S(x,y))$ 或者换写为 $(\forall x)S(x,y)$。

（2）**向后性** 量词的作用域从出现量词的第一个括号的地方开始，到遇到对应的最后一个括号结束，且后面量词不能约束前面的量词。即量词有先后顺序，不可以调换次序。

（3）**局部性** 一个量词的**作用域内**再次对同一个客体变量使用量词约束时，以后一次约束为标准。

（4）**换名不变性** 对同一个约束量词的**作用域内**的同一客体变量改变名称或符号，**约束意义不变**。其中后改的名称不能改为已存在的客体变量名。

为了具体解释这几个要点，我们举例来说明。

【**例 2-4**】 指明下面量词的约束情况。

（1）$\forall x(P(x) \rightarrow \exists y(R(x,y)))$

（2）$\forall x \forall y(P(x,y) \wedge Q(y,z)) \wedge (\exists x)P(x,y)$

（3）$\forall x(P(x) \wedge (\exists x)Q(x,z) \rightarrow (\exists y)R(x,y)) \vee Q(x,y)$

解：（1）整体来说约束变量 x 的量词约束 $\forall x$ 的约束范围是 $(P(x) \rightarrow \exists y(R(x,y)))$，在 x 的约束范围内，又出现了存在量词 $\exists y$，它的约束范围为 $(R(x,y))$。

（2）由于约束范围限制在量词后面的括号中，那么 $\forall x \forall y$ 同时约束 $(P(x,y) \wedge Q(y,z))$，由于 z 没有任何前置约束，那么 z 是自由变量。$\wedge$ 后面的又出现一个量词 $\exists x$ 它只约束 $(P(x,y))$，由于这里的 y 没有约束，因而 y 是自由变量，需要注意的是，前面的一个约束一旦结束，那么后面再出现客体变量时不再具有约束力。

（3）本题容易看错范围，但是通过找最外层配对括号，可以很容易找到 $\forall x$ 的约束范围为 $(P(x) \wedge (\exists x)Q(x,z) \rightarrow (\exists y)R(x,y))$，在这个范围内我们发现了局部约束的 $(\exists x)$，显然它约束 $Q(x,z)$，其中 z 为自由变量；另外一个约束量是 $(\exists y)$，它约束 $R(x,y)$，其中 x 受 $\forall x$ 约束。$\vee$ 后的谓词函数 $Q(x,y)$ 显然没有受到任何约束，因而里面的 x,y 均为自由变量。

【**例 2-5**】 对下面谓词命题进行变量换名。

（1）$\forall x(P(x) \rightarrow \exists y(R(x,y)))$

（2）$\forall x \forall y(P(x,y) \wedge Q(y,z)) \wedge (\exists x)P(x,y)$

解：根据例 2-4 的约束范围有：

（1）替换 $\forall x$ 为 $\forall t$，那么由约束范围可以得到 $\forall t(P(t) \rightarrow \exists y(R(t,y)))$，再一次替换 $\exists y$ 为 $\exists s$，那么得到 $\forall t(P(t) \rightarrow \exists s(R(t,s)))$。

（2）将 $\forall x$ 换名为 $\forall t$，那么由约束范围可以得到 $\forall t \forall y(P(t,y) \wedge Q(y,z)) \wedge (\exists x) P(x,y)$，再一次将 $P(x,y)$ 中的 y 自由代替为 s，那么得到 $\forall t \forall y(P(t,y) \wedge Q(y,z)) \wedge (\exists x)P(x,s)$，只要将变量的字母改为不同的代号就行，剩余自由变量可以不处理，也可以随意替换为不同的名称。

约束换名，自由代替。

对于约束客体变量的另外一个作用就是可以确定这个谓词函数是几元谓词。我们给出定义：

定义 2-7（约束量词与几元谓词的关系） 给定简单命题函数：$V(X_1, X_2, \cdots, X_n)$，如果其中的客体变量 $X_i, i \in (1,2,\cdots,n)$ 被量词约束，且一共有 k 个客体变量被约束，那么

我们称

$$\left(\prod_{s}^{k}(\forall X_i)^s(\exists X_j)^{k-s}\right)V(X_1,X_2,\cdots,X_n),(i,j\in 1,2,3,\cdots,n)$$

为 $n-k$ 元谓词，其中 $\prod_{s}^{k}(\forall X_i)^s(\exists X_j)^{k-s}$ 表示对所有 n 个 X_i，有 s 个 X_i 为 $\forall$ 约束，其余 $k-s$ 个 X_i 为 $\exists$ 约束。

与第 1 章的命题公式相似，谓词公式是一种被约束定义域后的命题公式。它也有等价式和蕴含式。

定义 2-8（谓词公式等价） 若两个谓词公式 wff$A$,wff$B$,设它们有共同的**个体定义域** E，若对 A,B 进行任一组个体指派，所得到的真值情况相同，我们则称谓词公式 A,B 在个体定义域 E 上等价，记作 $A_E\Leftrightarrow B_E$。

需要注意的是**定义 2-8** 中个体定义域是指 A,B 中可能有多个客体变量，A 的定义域可能好几个，例如 $x\in \mathbf{Z}^-,y\in \mathbf{N}^+,z\in \mathbf{C}$，分别代表负整数、自然数、复数。但是如果 B 也是 $t\in \mathbf{Z}^-,s\in \mathbf{N}^+,r\in \mathbf{C}$，我们就称它具有共同的个体定义域，$x,y,z,r,s,t$ 为**个体客体变量**，它们的组合 $\{x,y,z,r,s,t\}$ 称之为 E。

定义 2-9（谓词断言式） 谓词公式 wff$A$,设它的个体定义域 E，若对 A 的所有指派得到的真值均为**真（假）**，我们则称谓词公式 wff$A$ 在个体定义域 E 上**有效或全满足（无效或不可满足）**。

定义 2-10（谓词公式的可满足） 谓词公式 wff$A$,设它的个体定义域 E，若至少在 E 上可以找到一组赋值满足 A 的真值均为**真**，我们则称谓词公式 wff$A$ 在个体定义域 E 上**可满足或不全满足**。

根据否定的意义，我们可以将谓词的可满足推演得到等价公式：

$$\neg(\forall x)A(x)\Leftrightarrow(\exists x)\neg A(x)$$
$$\neg(\exists x)A(x)\Leftrightarrow(\forall x)\neg A(x)$$

上面两个公式可以用语言来简单描述：（1）不是所有的 x 都满足 $A(x)$，使得 $A(x)$ 为真，那么换句话说，存在一些 x 使得 $A(x)$ 为假。（2）不存在 x 使得 $A(x)$ 为真，那么换句话说，任何一个 x 都不能使得 $A(x)$ 为真。

需要注意定义 2-9 和定义 2-10 结尾处的用词差别。对于命题公式，我们稍作修改可以直接用在谓词的推演上。

规则 2-1（不同约束扩张与收缩） 若量词客体变量 x 作用域外（内），存在无约束的命题 A 或无关约束谓词公式 wff$B$，可将 A 或 B 放进 x 的作用域内（外），**并保持原有的合取或者析取形式**。

例如**收缩**：$\forall x(A(x)\rightarrow B)\Leftrightarrow\forall x(\neg A(x)\vee B)\Leftrightarrow\forall x\neg A(x)\vee B\Leftrightarrow\neg\exists xA(x)\vee B$

再如下面这个式子**扩张**：

$$\forall xA(x)\rightarrow\exists yB(y)\Leftrightarrow\neg\forall xA(x)\vee\exists yB(y)\Leftrightarrow\exists x\neg A(x)\vee\exists yB(y)$$
$$\Leftrightarrow\exists x[\neg A(x)\vee B(y)]\Leftrightarrow\exists x[A(x)\rightarrow\exists yB(y)]$$

当然上面的式子由于约束变量不同还可以表示成 $\exists x\exists y[A(x)\rightarrow B(y)]$。

规则 2-2(相同约束的等价式) 相同约束情况下,由∀(∃)修饰的合取(析取)后的原子谓词式与∀(∃)分别修饰原子谓词式后的合取形式(析取形式)等价。

我们可以将规则 2-2 用具体的例子来说明,例如:

$$\forall x(A(x) \wedge B(x)) \Leftrightarrow \forall xA(x) \wedge \forall xB(x)$$

$$\exists x(A(x) \vee B(x)) \Leftrightarrow \exists xA(x) \vee \exists xB(x)$$

规则 2-3(相同约束的蕴含式) 相同约束情况下,由∀修饰原子谓词式后的析取形式**蕴含**由∀修饰的析取后的原子谓词式。由∃修饰的析取后的原子谓词式**蕴含**由∃修饰原子谓词式后的析取形式。

我们可以将规则 2-3 用具体的例子来说明,例如:

$$\forall xA(x) \vee \forall xB(x) \Rightarrow \forall x(A(x) \vee B(x))$$

$$\exists x(A(x) \wedge B(x)) \Rightarrow \exists xA(x) \wedge \exists xB(x)$$

我们要特别注意规则 2-3 的特殊性,它与之前的规则是逆反的。因而很容易记错。

对于多个量词的约束,我们先不做讨论,我们只给出蕴含式和等价式的二元形式,并列入表 2-1 中。

表 2-1 谓词公式的等价式和蕴含式

序　　号	等　价　式	解　　释
E_7	$\forall x(A(x) \wedge B(x)) \Leftrightarrow \forall xA(x) \wedge \forall xB(x)$	全称收缩
E_8	$\exists x(A(x) \vee B(x)) \Leftrightarrow \exists xA(x) \vee \exists xB(x)$	存在收缩
E_9	$\neg(\forall x)A(x) \Leftrightarrow (\exists x)\neg A(x)$	不任意
E_{10}	$\neg(\exists x)A(x) \Leftrightarrow (\forall x)\neg A(x)$	不存在
E_{11}	$\forall x(A \vee B(x)) \Leftrightarrow A \vee (\forall x)B(x)$	非约束收缩
E_{12}	$\exists x(A \vee B(x)) \Leftrightarrow A \vee (\exists x)B(x)$	非约束收缩
E_{13}	$(\exists x)(A(x) \rightarrow B(x)) \Leftrightarrow (\forall x)A(x) \rightarrow (\exists x)B(x)$	约束收缩
E_{14}	$(\forall x)A(x) \rightarrow B \Leftrightarrow (\exists x)(A(x) \rightarrow B)$	非约束扩张
E_{15}	$(\exists x)A(x) \rightarrow B \Leftrightarrow (\forall x)(A(x) \rightarrow B)$	非约束扩张
E_{16}	$A \rightarrow (\forall x)B(x) \Leftrightarrow (\forall x)(A \rightarrow B(x))$	非约束扩张
E_{17}	$A \rightarrow (\exists x)B(x) \Leftrightarrow (\exists x)(A \rightarrow B(x))$	非约束扩张
E_{18}	$(\forall x)(\forall y)A(x,y) \Leftrightarrow (\forall y)(\forall x)A(x,y)$	任意约束交换
E_{19}	$(\exists x)(\exists y)A(x,y) \Leftrightarrow (\exists y)(\exists x)A(x,y)$	存在约束交换
序　　号	蕴　含　式	解　　释
I_{17}	$(\forall x)(\forall y)A(x,y) \Rightarrow (\exists x)(\forall y)A(x,y)$	蕴含约束
I_{18}	$(\forall x)(\forall y)A(x,y) \Rightarrow (\forall x)(\exists y)A(x,y)$	蕴含约束
I_{19}	$(\exists x)(\forall y)A(x,y) \Rightarrow (\forall y)(\exists x)A(x,y)$	交换蕴含约束
I_{20}	$(\forall x)(\exists y)A(x,y) \Rightarrow (\exists y)(\forall x)A(x,y)$	交换蕴含约束

序号	蕴 含 式	解 释
I_{21}	$(\forall x)(\exists y)A(x,y) \Rightarrow (\exists y)(\exists x)A(x,y)$	存在交换蕴含约束
I_{22}	$(\forall x)(\exists x)A(x,y) \Rightarrow (\exists x)(\exists y)A(x,y)$	存在交换蕴含约束

【例 2-6】 甲厂生产的产品用 x 表示,乙厂生产的产品用 y 表示,那么请表示出:存在一个甲厂生产的产品性能,乙厂的任意生产的产品都和它性能一样,并给出它的蕴含式和表述。

解:用 $A(X_1, X_2)$ 表示 X_1 的性能与 X_2 的性能相同,那么原来的命题可以表示为:

$$(\exists x)(\forall y)A(x,y)$$

那么它的蕴含式由表 2-1 知道为:

$$(\exists x)(\forall y)A(x,y) \Rightarrow (\forall y)(\exists x)A(x,y)$$

蕴含式的意思可以解释为:对于任意的乙厂生产的产品,在甲厂中存在一个性能和它一样的。

从这个例子可以看出,量词的不同顺序,意义虽然相同,但是表示的重点略有不同,因而对于交换量词顺序在语言上的表述重点是不同的。

2.3 前 束 范 式

与命题公式的方式不同,谓词公式也有范式,只是谓词的范式是对量词进行的规范化,如果说命题公式的规范化是为了实际设计运用在电路设计中,那么量词的规范化是为了研究语言逻辑的约束性,或者说对于输入电路中的电流、电压、电感等大小量进行实际的约束。

定义 2-11(前束范式) 若一个谓词公式,它的量词全部在公式的开始位置,且所有的量词的作用域是整个表达式,那么称这个谓词公式叫**前束范式**。

显然前束范式只是对命题公式的量词部分进行了约束,由第 1 章所学的命题的范式以及 2.2 节所学的等价式和蕴含式,我们可以知道:

(1) 任意一个谓词公式均可以表示成前束范式。

(2) 任意一个谓词公式均可以表示成前束合取范式。

(3) 任意一个谓词公式均可以表示成前束析取范式。

显然我们可以参照第 1 章的合取和析取范式的求法以及上一节的约束扩张和收缩得到前束范式或前束合取范式及前束析取范式,当然也能得到前束主范式,只是通常主范式比较烦琐,所以一般不会出现这类求解问题。

【例 2-7】 将 $\neg \forall x(P(x,y) \rightarrow (\exists y)Q(x,y))$ 表示成前束范式。

解:对于复杂的表达式,首先分清楚作用域,再根据等价式进行推导,那么:

过　　程	缘　　由
$\neg\,\forall x(P(x,y)\to(\exists y)Q(x,y))$	确定作用域
$\Leftrightarrow\neg\,\forall x(\neg P(x,y)\lor(\exists y)Q(x,y))$	等价替换
$\Leftrightarrow\exists x\neg(\neg P(x,y)\lor(\exists y)Q(x,y))$	谓词等价替换
$\Leftrightarrow\exists x(P(x,y)\land\neg(\exists y)Q(x,y))$	摩根律
$\Leftrightarrow\exists x(P(x,y)\land(\forall y)\neg Q(x,y))$	谓词等价替换
$\Leftrightarrow\exists x(P(x,t)\land(\forall y)\neg Q(x,y))$	自由量替换
$\Leftrightarrow(\exists x)(\forall y)(P(x,t)\land\neg Q(x,y))$	提取量词

【例 2-8】　求解 $\forall x(P(x)\to Q(x,y))\to(\exists y)P(y)\land(\exists z)Q(y,z)$ 的前束析取范式和前束合取范式。

解：先求解前束范式，再求解析取和合取范式。第一步：求解前束范式。

过　　程	缘　　由
$\forall x(P(x)\to Q(x,y))\to(\exists y)P(y)\land(\exists z)Q(y,z)$	确定作用域
$\Leftrightarrow\neg\,\forall x(\neg P(x)\lor Q(x,y))\lor[(\exists y)P(y)\land(\exists z)Q(y,z)]$	等价替换
$\Leftrightarrow\exists x\neg(\neg P(x)\lor Q(x,y))\lor[(\exists y)P(y)\land(\exists z)Q(y,z)]$	谓词等价替换
$\Leftrightarrow\exists x(P(x)\land\neg Q(x,y))\lor[(\exists y)P(y)\land(\exists z)Q(y,z)]$	摩根律
$\Leftrightarrow\exists x(P(x)\land\neg Q(x,t))\lor[(\exists y)P(y)\land(\exists z)Q(s,z)]$	自由量替换
$\Leftrightarrow\exists x(P(x)\land\neg Q(x,t))\lor(\exists y)(\exists z)[P(y)\land Q(s,z)]$	提取量词
$\Leftrightarrow(\exists x)(\exists y)(\exists z)\{(P(x)\land\neg Q(x,t))\lor[P(y)\land Q(s,z)]\}$	再次提取量词

显然第一步的结果是个析取范式，那么我们求解它的合取范式：

不考虑前束量词，并用下标表示不同意义的谓词，那么由合取范式求法得到：

过　　程	缘　　由
$\Leftrightarrow(P(x)\land\neg Q(x,t))\lor(P(y)\land Q(s,z))$	略去量词
$\Leftrightarrow(P_1\land\neg Q_1)\lor(P_2\land Q_2)$	简化替换
$\Leftrightarrow((P_1\land\neg Q_1)\lor P_2)\land((P_1\land\neg Q_1)\lor Q_2)$	分配律
$\Leftrightarrow((P_1\lor P_2)\land(\neg Q_1\lor P_2))\land((P_1\lor Q_2)\land(\neg Q_1\lor Q_2))$	分配律
$\Leftrightarrow(P_1\lor P_2)\land(\neg Q_1\lor P_2)\land(P_1\lor Q_2)\land(\neg Q_1\lor Q_2)$	简化
$\Leftrightarrow(\exists x)(\exists y)(\exists z)(P(x)\lor P(y))\land(\neg Q(x,t)\lor P(y))$ $\land(P(x)\lor Q(s,z))\land(\neg Q(x,t)\lor Q(s,z))$	还原量词

2.4　谓　词　推　理

谓词推理和命题公式的推理相同，命题公式推理中用到的 P,C,CP 规则，以及蕴含及等价式均可以使用到谓词公式的推演中。当然在谓词推理中有几个专用的谓词规则，这些规则可以用日常逻辑来推理。

规则 2-4（全称指定规则，US（Universal Specify））　当论域 E 内**任意**的客体 x 都满足时，必然有，论域中指定的任意一个**具体客体** c 也是满足的，表示为：

$$\frac{\forall xP(x)}{\text{所以 } P(c)}$$

规则 2-5(全称推广规则,UG(Universal Generalize)) 当论域 E 内任意一个指定的具体客体 c 都满足时,必然有,E 内任意客体 x 也是满足的,表示为:

$$\frac{P(c)}{\text{所以 } \forall xP(x)}$$

从规则 2-4 和规则 2-5 是两个相互可逆的等价推断过程。

规则 2-6(存在指定规则,ES(Existential Specify)) 当论域 E 内存在客体 x 满足时,必然可从客体 x 中选出至少一个满足条件的具体客体 c,表示为:

$$\frac{\exists xP(x)}{\text{所以 } P(c)}$$

规则 2-7(存在推广规则,EG(Existential Generalize)) 当论域 E 内存在一个具体客体 c 都满足时,必然有,在论域 E 内存在客体 x 也是满足的,表示为:

$$\frac{P(c)}{\text{所以 } \exists xP(x)}$$

【例 2-9】 证明 $\forall x(P(x) \rightarrow S(x) \land R(x)) \land \exists x(P(x) \land Q(x)) \Rightarrow \exists x(Q(x) \land R(x))$

证: 本题结论中出现了存在,那么可以考虑使用 EG 规则,也就是要证明:

$$Q(c) \land R(c)$$

序 号	过 程	缘由公式	缘由描述
(1)	$\exists x(P(x) \land Q(x))$	P	前提条件
(2)	$P(c) \land Q(c)$	$ES(1)$	(1)存在指定
(3)	$P(c)$	$T:(3)I$	(3)蕴含
(4)	$\forall x(P(x) \rightarrow S(x) \land R(x))$	P	前提条件
(5)	$P(c) \rightarrow S(c) \land R(c)$	$US(4)$	(4)全称指定
(6)	$S(c) \land R(c)$	$T:(3),(5)I$	(3),(5)蕴含
(7)	$R(c)$	$T:(6)I$	(6)蕴含
(8)	$Q(c)$	$T:(2)I$	(2)蕴含
(9)	$Q(c) \land R(c)$	$T:(7),(8)I$	(7),(8)蕴含
(10)	$\exists x(Q(x) \land R(x))$	$EG(9)$	(9)存在推广

证结。

2.5 习 题

2-1 利用谓词公式对下列命题符号化。

1. 3 不是奇数。

2. 尽管有人聪明,但未必一切人都聪明。

3. 所有的人都不一样高。

4. 每辆高铁列车都比某些动车快。

5. 某些动车比所有高铁列车慢。

6. 有些实数是负的无理数。

7. 有些大学生不追星。

8. 不存在比所有高铁都快的动车。

9. 除 2 以外的所有质数都是奇数。

10. 所有演员都钦佩某些老师。

2-2 判断题。

分别在全总个体域和实数个体域中,将下列命题符号化,并判断真值。

1. 对所有的实数 x,都存着实数 y,使得 $xy=0$。

2. 存在着实数 x,对所有的实数 y,都有 $x-y=0$。

3. 对所有的实数 x 和所有的实数 y,都有 $x+y>x-y$。

4. 存在着实数 x 和存在着实数 y,使得 $x+y=1$。

2-3 单项选择题。

1. 下列式子不是谓词合式公式的是(　　　)。

  A. $(\forall x)P(x)\rightarrow R(y)$

  B. $(\forall x)\neg P(x)\Rightarrow(\forall x)(P(x)\rightarrow Q(x))$

  C. $(\forall x)(\exists y)(P(x)\wedge Q(y))\rightarrow(\exists x)R(x)$

  D. $(\forall x)(P(x,y)\rightarrow Q(x,z))\vee(\exists z)R(x,z)$

2. "是人总会犯错"的逻辑符号化为(　　　)。

设 $H(x):x$ 是人,$P(x):x$ 犯错误。

  A. $\exists x(H(x)\rightarrow P(x))$ B. $\forall x(H(x)\rightarrow P(x))$

  C. $\neg(\exists x(H(x)\rightarrow\neg P(x)))$ D. $\neg(\exists x(H(x)\wedge\neg P(x)))$

3. 谓词公式 $(\forall z)(P(x)\wedge(\exists x)R(x,z)\rightarrow(\exists y)Q(x,y)\vee R(x,y)$ 中的 x 是(　　　)。

  A. 自由变元   B. 约束变元

  C. 既是自由变元又是约束变元   D. 既不是自由变元又不是约束变元

4. 公式 $\forall x\forall y(P(x,y)\vee Q(y,z))\wedge\exists xP(x,y)$ 换名(　　　)。

  A. $\forall x\forall u(P(x,u)\vee Q(u,z))\wedge\exists xP(x,y)$

  B. $\forall x\forall u(P(x,u)\vee Q(u,z))\wedge\exists xP(x,u)$

  C. $\forall x\forall y(P(x,y)\vee Q(y,z))\wedge\exists xP(x,u)$

  D. $\forall u\forall y(P(u,y)\vee Q(y,z))\wedge\exists uP(u,y)$

5. 设 B 是不含变元 x 的公式,谓词公式 $(\forall x)(A(x)\rightarrow B)$ 等价于(　　　)。

  A. $(\forall x)A(x)\rightarrow B$ B. $(\exists x)A(x)\rightarrow B$

  C. $A(x)\rightarrow B$ D. $(\forall x)A(x)\rightarrow(\forall x)B$

2-4 不定项选择。

1. 设 $M(x):x$ 是人;$F(x):x$ 要吃饭。用谓词公式表达下述命题:所有的人都要吃饭,其中正确的表达式有(　　)。

    A. $(\forall x)(M(x)\to F(x))$

    B. $\neg(\exists x)(M(x)\wedge\neg F(x))$

    C. $(\exists x)(M(x)\vee F(x))$

    D. $(\forall x)(\neg M(x)\vee F(x))$

    E. $\neg(\exists x)(M(x)\to\neg F(x))$

  2. 下列等值关系错误的是(　　)。

    A. $\forall x(P(x)\vee Q(x))\Leftrightarrow\forall xP(x)\vee\forall xQ(x)$

    B. $\exists x(P(x)\vee Q(x))\Leftrightarrow\exists xP(x)\vee\exists xQ(x)$

    C. $\forall x(P(x)\to Q)\Leftrightarrow\forall xP(x)\to Q$

    D. $\exists x(P(x)\to Q)\Leftrightarrow\exists xP(x)\to Q$

    E. $\forall x\exists yA(x,y)\Leftrightarrow\exists y\forall xA(x,y)$

  3. 设个体域是整数集,则下列命题的真值为假的是(　　)。

    A. $\exists y\forall x(xy=1)$

    B. $\forall x\exists y(xy\neq0)$

    C. $\forall x\exists y(xy=y^2)$

    D. $\exists y\forall x(xy=x^2)$

    E. $\forall x\exists y(xy=0)$

2-5 求下列各式的前束范式。

1. $(\forall x)P(x)\wedge\neg(\exists x)Q(x)$

2. $(\forall x)(\forall y)((\exists z)(A(x,z)\wedge B(x,z))\to(\exists u)R(x,y,u))$

2-6 证明下面推理。

1. 每个正数都大于0。有的正数不是整数。因此,有的大于0的数不是整数。

2. 菱形和矩形都是平行四边形。梯形不是平行四边形。因此,梯形既不是菱形,也不是矩形。

3. 喜欢步行的人都不喜欢骑车。一个人要么喜欢骑车,要么喜欢乘车。有人喜欢乘车,所以有人不喜欢步行。(个体域为人类集合)。

第 **3** 章 集 合 论

3.1 集合与表示

前两章我们学习了命题公式及谓词公式,其中谓词公式是对命题公式的一个量上的约束,在约束时,提供了论域。本章开始,我们学习如何限定这个论域,或者称之为集合。下面我们给出集合的定义:

定义 3-1(集合) 若一类**互异事物**具有某**一组规定的属性** A,那么这类事物称之为一个具有属性 A 的集合 S,记作:$S=\{e|V(e,A)\}$,其中每一个满足属性的 e 称之为集合**元素**,简单谓词公式 $V(e,A)$ 表示的是 e 具有属性 A。

定义 3-1 中需要注意的是 A 是一组规定的属性,它是将至少一个属性可以通过合取或者析取形成的表达式,或者就是一个属性。同时也发现集合的定义中并没有给定元素的顺序,因而集合内元素是无序的,而且,定义中规定元素必须互异,所以集合中的元素是唯一的。

如果一个集合的元素数量有限,我们称它为有限集合,否则称为无限集合。集合可以用两种方式表示:**枚举方式和属性方式**。定义 3-1 给的就是属性方式。当然,如果集合是有限集合,就可以使用枚举方式[①]。例如,我们可以把一年中的月份枚举表示成 $\{1,2,3,4,5,6,7,8,9,10,11,12\}$ 或者属性表示成 $\{m|m\in \mathbf{Z}^+ \wedge 1\leqslant m\leqslant 12\}$,具体选择使用哪种表示方法看使用需要。

日常生活中的集合与数学中定义的集合在理解上有一定的细微差别,比如中学阶段学习的:自然数全部是正整数或表示成 $\mathbf{N}=\{x|x\in \mathbf{Z}^+\}$,这里包含了同时具有正负的零。但是我们有时把这样的一类看似没有任何同一属性的也称之为集合,例如:$\{a,-1,\pm 0,\ll,@\}$ 这个集合被称之为**目标选择集合**,即其中的事物均具有被选择进这个集合中的属性。因而定义 3-1 也可以应用到这个集合上,只是属性变成了随意被选择的。当然集合内还可以嵌套集合,例如 $\{1,2,\{3,4\}\}$,还有一个集合是比较特别的,那就是空集,记作 $\varnothing$,我们给出它的定义:

定义 3-2(空集) 若集合内剔除所有元素得到的集合称为空集,记作 $\varnothing=\{\}$。

由于 $\varnothing$ 是一个**集合**而不是一个元素,因而对于集合内嵌套空集 $\{\varnothing\}\neq\varnothing$,这是因为

---

① 枚举是指将集合中的元素一个个列举出来。

{∅}相当于{{}}。我们可以把空集想象成里面有一个属于空集的特殊元素,这个特殊元素是组成集合的基本元素,它无法剔除,我们把它称为**集合基底**。

下面我们定义集合的相等与从属关系:

定义 3-3(集合相等) 如果两个集合 A,B 相等,当且仅当 A,B 里的元素全部相等,记作 $A=B$;若两个集合中存在不同的元素,那么称这两个集合不等,记作 $A \neq B$。

定义 3-4(元素从属) 若 x 是集合 S 里的任一元素,那么称元素 x 属于集合 S,记作 $x \in S$,读作 x 属于集合 S,或读作 x 取自集合 S;若 x 不属于集合 S,那么记作 $x \notin S$,读作 x 不属于集合 S,或读作 x 不是取自集合 S。

定义 3-5(集合从属) 若集合 A 的任意元素 x 也是集合 B 的元素,那么称集合 A 为集合 B 的子集,记作 $A \subseteq B$,读作集合 A 包含于集合 B,或读作集合 B **包含**集合 A,或者集合 A 是集合 B 的**子集**;若此时 $A \neq B$ 且 $A \subseteq B$ 那么称集合 A 是集合 B 的**真子集**,记作 $A \subset B$。

集合还有这样的性质:

(传递性) 若集合 A,B,C,它们满足 $A \subseteq B$,$B \subseteq C$ 那么 $A \subseteq C$。

(自反性) 集合 A 对其自身有 $A \subseteq A$。

定理 3-1(空集从属) 对于任意一个集合 A,空集 $\varnothing \subseteq A$。

对于空集从属的定理 3-1,我们可以从空集的定义中看出,对于一个集合 A 可以剔除其中的所有元素得到空集,自然我们可以认为空集中那个**不存在的集合基底元素**既属于空集也属于任何其他集合。

定理 3-2(集合等价的充要条件) 若两个集合 A,B 相等,当且仅当 $A \subseteq B \wedge B \subseteq A$。

定义 3-6(全集) 若给定一组限定属性 A,由**所有**满足这组属性的元素所组成的集合称为条件 A 下的全集 E,简称全集 E,或论域 E。

需要注意的是全集的定义与集合的定义有相似之处,区别在于定义 3-6 将**所有满足**条件的元素**都包含**在集合内,而定义 3-1 只是指出满足条件的元素组成的集合。

定义 3-7(幂集) 给定集合 S,由 S 的**所有子集**为元素组成的集合称为集合 S 的幂集,记作 $P(S)$。

例如,集合 $S=\{a,b,c\}$ 那么它的幂集:
$$P(S)=\{\varnothing,\{a\},\{b\},\{c\},\{a,b\},\{b,c\},\{c,a\},\{a,b,c\}\}$$

这里需要关注两点:第一,空集符号 $\varnothing$ 与其他集合性质一样是一个集合,且为幂集的一个元素;第二,在实际生成幂集时可以按照先选一个,再选两个,等等依次选择。

定理 3-3(幂集中元素个数) 有限集合 A 包含 n 个元素,那么幂集 $P(A)$ 中包含的元素个数为 2^n。

证:根据幂集的定义,从集合 A 的 n 个元素中挑选出 k 个不同的元素组成一个幂集中的元素,显然空集单独一个,那么从 A 挑选出 k 个不同元素共:
$$C_n^k = \frac{n(n-1)(n-2)\cdots(n-k+1)}{k!}$$

种不同结果,那么幂集的元素个数可以表示成:
$$N = 1 + C_n^1 + C_n^2 + \cdots + C_n^k + \cdots + C_n^n = \sum_{k=0}^{n} C_n^k$$

根据二项式定理：

$$(x+y)^n = \sum_{k=0}^{n} C_n^k x^k y^{n-k}$$

我们令 $x=y=1$，那么得到

$$N = (1+1)^n = 2^n$$

证毕。

3.2 集 合 运 算

作为一个集合，如果给定一个研究域，或者给定一个论域，可以在这个论域内进行有限的加减等集合运算。这种集合的运算是按照一定的规则进行的，在介绍集合运算前，先介绍文氏图。

文氏图是在平面图形上的**论域内**对所研究的集合进行标识，其中**阴影部分**是所需要的区域，每个集合用**闭曲线表示**，独立元素用**点表示**。例如图 3-1 所示，阴影部分为所研究的部分，这表示了一个交集，其中 E 是研究的论域，集合 A,B 的公共部分。一般情况下论域 E 不需要特别指明，默认出现的集合都满足随机选择属性的要求。

下面开始定义集合的基本运算：

定义 3-8（交集） E 内给定两个集合 A,B，那么由 A,B 共同元素组成的集合称之为 A,B 的交集，记作 $A\cap B$[①]，属性定义为：$S=A\cap B=\{x \mid x\in A \wedge x\in B\}$。

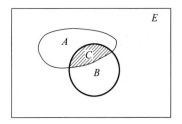

图 3-1 集合的交

文氏图如图 3-1，其中 C 就是 A,B 的交集。

【例 3-1】 计算集合的交集 S，其中 $A=\{a,b,3,6,d,0\}$，$B=\{b,h,=,s,0\}$。

解：选择公共的元素，那么 $S=A\cap B=\{b,0\}$。

【例 3-2】 求证，当 $A\subseteq B$ 时，有 $A\cap S\subseteq B\cap S$。

证：由于 S 未给定，我们按照默认，S 与 A,B 在同一个选择属性集合里，那么，设元素 $x\in A$ 必然由 $A\subseteq B\Rightarrow x\in B$，那么也必然存在 $x\in A\cap S$，这个式子等价于（$\exists x$）（$x\in A \wedge x\in S$），可以得到 $\exists x(x\in S)$，由 $x\in B$ 与 $\exists x(x\in S)$ 共同得到 $x\in B\cap S$，那么可以根据集合从属的定义得到 $A\cap S\subseteq B\cap S$。

证毕。

可以利用前面所学得到交的这些运算性质：

(1) $A\subseteq B\Rightarrow A\cap B=A$ (2) $A\cap B=B\cap A$

(3) $(A\cap B)\cap C=A\cap(B\cap C)$ (4) $A\cap B\subseteq A$，$A\cap B\subseteq B$

当有很多个集合交时，可以采用一种符号来表示。当集合 P 表示

$$P=A_1\cap A_2\cap\cdots\cap A_n$$

---

① 部分计算机专业程序设计教材和概率论上通常将 $A\cap B\Leftrightarrow AB$，$A\cup B\Leftrightarrow A+B$，$A-B\Leftrightarrow A\bar{B}$。

那么可以使用符号表示：

$$P = \bigcap_{i=1}^{n} A_i$$

定义 3-9（并集） E 内给定两个集合 A，B，那么由 A，B 的全部元素组成的集合称之为 A，B 的并集或 A，B 的和，记作 $A \cup B$，属性定义为：$S = A \cup B = \{x \mid x \in A \vee x \in B\}$。

文氏图如图 3-2 所示，其中公共阴影就是 A，B 的并集。

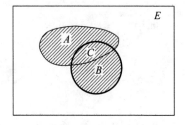

【例 3-3】 计算集合的并集 S，其中 $A = \{a, b, 3, 6, d, 0\}$，$B = \{b, h, =, s, 0\}$。

解：选择全部的元素，并去除重复的，那么 $S = A \cup B = \{a, b, 3, 6, d, 0, h, =, s, \}$。

图 3-2　集合的并

并的运算性质：

（1）$A \subseteq B \Rightarrow A \cup B = B$

（2）$A \cup B = B \cup A$

（3）$(A \cup B) \cup C = A \cup (B \cup C)$

（4）$A \subseteq A \cup B$，$B \subseteq A \cup B$

当有很多个集合并时，我们可以采用一种符号来表示。当集合 P 表示

$$P = A_1 \cup A_2 \cup \cdots \cup A_n$$

那么我们可以使用符号表示：

$$P = \bigcup_{i=1}^{n} A_i$$

定理 3-4（集合的分配律） 设 E 下的三个集合 A，B，C 那么有：

$$A \cup (B \cap C) = (A \cup B) \cap (A \cup C)$$
$$A \cap (B \cup C) = (A \cap B) \cup (A \cap C)$$

我们只证其中一个，另外一个可以自行推导。

证：设 $x \in A \cup (B \cap C)$，那么 $x \in A \vee x \in B \cap C \Leftrightarrow x \in A \vee (x \in B \wedge x \in C)$。

根据命题逻辑的分配律有：

$$x \in A \cup (B \cap C) \Leftrightarrow (x \in A \vee x \in B) \wedge (x \in A \vee x \in C)$$
$$\Leftrightarrow x \in (A \vee B) \wedge x \in (A \vee C)$$
$$\Leftrightarrow x \in (A \cup B) \cap (A \cup C)$$

证毕。

同样我们还可以得到：

（1）$A \cup (A \cap B) = A$　　　　　　（2）$A \cap (A \cup B) = A$

定理 3-5（从属判定） 若要得到 $A \subseteq B$，当且仅当 $A \cup B = B$ 或 $A \cap B = A$。

定义 3-10（相对补集） 设 E 下的任意集合 A，B，将所有属于集合 A 但不属于集合 B 的元素组成的新的集合 S 称为 B 对于 A 的相对补集，或 B 对于 A 的差集，记作 $S = A - B$，属性定义为：$S = \{x \mid x \in A \wedge x \notin B\}$。

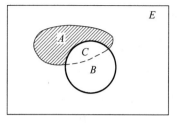

图 3-3　集合的相对差

文氏图如图 3-3,其中公共阴影就是 $A-B$。

定义 3-11(绝对补集)　设 E 下的任意集合 A,将所有不属于集合 A 但属于集合 E 的元素组成的新的集合称为 A 的绝对补集,记作 $\overline{A}$,属性定义为:$\overline{A}=\{x \mid x \notin A \wedge x \in E\}$。

显然定义 3-10 与定义 3-11 的差别在于范围的选取,相对差相对于 A,绝对补相对于全集 E。

根据它的定义,我们可以得到这些补集公式:

(1) $\overline{\overline{A}}=A$　　　　(2) $\overline{\varnothing}=E$　　　　(3) $A \cup \overline{A}=E$　　　　(4) $A \cap \overline{A}=\varnothing$

(5) $\overline{A \cup B}=\overline{A} \cap \overline{B}$　　　　(6) $\overline{A \cap B}=\overline{A} \cup \overline{B}$　　　　(7) $A-B=A \cap \overline{B}$

(8) $A-B=A-(A \cap B)$　　　　(9) $A \cap (B-C)=A \cap B-A \cap C$

定理 3-6(补的逆从属)　若 E 下任意两个集合 A,B,且 $A \subseteq B$,那么 $\overline{B} \subseteq \overline{A}$,且还有 $(B-A) \cup A=B$。

证:第一个结论部分:设 $x \in A$,已知 $A \subseteq B$,那么 $x \in B$,当 $x \notin B$ 必然在 A 中也找不到 x,或 $x \notin A$,那么显然在补集较小的 $\overline{B}$ 中存在 $x \in \overline{B}$,则在范围更大的 $\overline{A}$,也能有 $x \in \overline{A}$,因而得证 $\overline{A} \subseteq \overline{B}$。第二个结论部分:

$$(B-A) \cup A \Leftrightarrow (B \cap \overline{A}) \cup A \Leftrightarrow (B \cup A) \cap (\overline{A} \cup A) \Leftrightarrow B \cup A$$

由于 $A \subseteq B$,所以 $B \cup A=B$。

证毕。

定义 3-12(集合的对称差或异或)　E 下任意两个集合 A,B,那么 A,B 的对称差为集合 S,其中 S 中的元素或属于 A,或属于 B,但不同时属于 A 和 B,记作 $S=A \oplus B$,属性定义为:$A \oplus B=\{x \mid x \in A \oplus x \in B\}$。

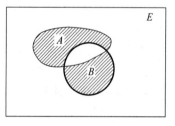

图 3-4　集合的对称差

文氏图如图 3-4,其中阴影部分就是 $A \oplus B$。

对称差有很多可以推导的公式:

(1) $A \oplus B=B \oplus A$　(2) $A \oplus \varnothing=A$　(3) $A \oplus A=\varnothing$

(4) $A \oplus B=(A \cap \overline{B}) \cup (\overline{A} \cap B)$

(5) $(A \oplus B) \oplus C=A \oplus (B \oplus C)$

(对称差奇偶步差应用)对称差还有一个在计算机作图软件上常用的功能,从直观上来说,如果一个共同的区域被重叠奇数次,那么最终的集合包含该区域,如果是重叠偶数次,那么最终的集合不包含该区域,下面用图 3-5 说明。

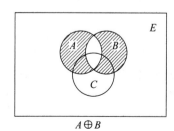

$A \oplus B$

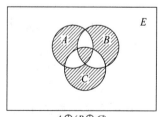

$B \oplus C$

$A \oplus (B \oplus C)$

图 3-5　对称差的奇偶步差应用

【例 3-4】 证明表达式 $A \cap (B \oplus C) = (A \cap B) \oplus (A \cap C)$ 成立。

证:

$$(A \cap B) \oplus (A \cap C) = ((A \cap B) \cap \overline{(A \cap C)}) \cup (\overline{(A \cap B)} \cap (A \cap C))$$
$$= ((A \cap B) \cap (\bar{A} \cup \bar{C})) \cup ((\bar{A} \cup \bar{B}) \cap (A \cap C))$$
$$= ((A \cap B \cap \bar{A}) \cup (A \cap B \cap \bar{C})) \cup ((A \cap C \cap \bar{A}) \cup (A \cap C \cap \bar{B}))$$
$$= (A \cap B \cap \bar{C}) \cup (A \cap C \cap \bar{B}) = A \cap ((B \cap \bar{C}) \cup (C \cap \bar{B})) = A \cap (B \oplus C)$$

证毕。

在集合的运算中还有一类特殊的集合,它们的元素均为一对有序序列,通常这个序列中包含两个元素,例如表示坐标的 $\langle x, y \rangle$,$\langle 3, 4 \rangle$,它们是有序的,调换前后顺序会表达不同的意义,所以我们通常把有两个量的序列称之为**序偶**,或者**序对**。

定义 3-13(序偶) 当用两个量 x, y 来表示有序关系时,我们把这种关系称之为序偶,记作 $\langle x, y \rangle$,其中 x 称之为第一元素,y 称之为第二元素。

定义 3-14(序偶相等) 若序偶 $\langle x, y \rangle$ 与 $\langle u, v \rangle$ 相等,当且仅当 $x = u, y = v$。

序偶描述了两个量之间的关系,我们现在把它进行扩展。

定义 3-15(n 元组) 若对有序序列 $x_1, x_2, \cdots, x_n$ 将最后一个元素作为第二元素,将剩余的有序序列作为第一元素,这样再对第一元素重复划分得到的序偶称之为 n 元组。记作:$\langle \langle \langle \cdots \langle x_1, x_2 \rangle, x_3 \rangle \cdots, x_{n-1} \rangle, x_n \rangle$,或简写为 $\langle x_1, x_2, \cdots, x_n \rangle$,其中第 i 个元素 x_i 称之为 n 元组的第 i 个**坐标**,n 元组本身称之为 n **维坐标**。

举例来说,一个三元组可以表示成 $\langle x_1, x_2, x_3 \rangle$ 或 $\langle \langle x_1, x_2 \rangle, x_3 \rangle$,四元组可以表示成 $\langle x_1, x_2, x_3, x_4 \rangle$ 或 $\langle \langle \langle x_1, x_2 \rangle, x_3 \rangle, x_4 \rangle$ 或 $\langle \langle x_1, x_2, x_3 \rangle, x_4 \rangle$,由于我们限定了第一元素和第二元素的大小,所以 $\langle x_1, \langle x_2, x_3 \rangle \rangle$ 不是三元组。

对于二元组的序偶,我们称之为二维坐标,由于二维坐标的序偶 $\langle x_1, x_2 \rangle$ 的第一元素可以来自任意给定的集合 A,第二元素来自集合 B,这样就可以定义一个概念。

定义 3-16(笛卡儿积) 给定任意两个集合 A 和 B,若序偶的第一元素来自集合 A,第二元素来自集合 B,将所有满足条件的序偶组成的集合 S 称之为集合 A 和 B 的笛卡儿积或直积,记作 $S = A \times B$,属性定义为:$A \times B = \{\langle x, y \rangle \mid x \in A \wedge y \in B\}$。

【例 3-5】 若 $A = \{a, b\}$,$B = \{1, 2, 3\}$ 求 $A \times B$,$B \times A$,$A \times A$,$(A \times B) \cap (B \times A)$。

解: 笛卡儿积计算时,直接选定其中一个,然后从第二个集合中依次挑选组成:

$$A \times B = \{\langle a, 1 \rangle, \langle a, 2 \rangle, \langle a, 3 \rangle, \langle b, 1 \rangle, \langle b, 2 \rangle, \langle b, 3 \rangle\}$$
$$B \times A = \{\langle 1, a \rangle, \langle 1, b \rangle, \langle 2, a \rangle, \langle 2, b \rangle, \langle 3, a \rangle, \langle 3, b \rangle\}$$
$$A \times A = \{\langle a, a \rangle, \langle a, b \rangle, \langle b, a \rangle, \langle b, b \rangle\}$$

显然 $(A \times B) \cap (B \times A) = \varnothing$。

我们约定若 $A = \varnothing$ 或 $B = \varnothing$,那么 $A \times B = \varnothing$,另外,我们还可以知道

$$(A \times B) \times C = \{\langle x, y, z \rangle \mid x \in A \wedge y \in B \wedge z \in C\}$$
$$A \times (B \times C) = \{\langle x, \langle y, z \rangle \rangle \mid x \in A \wedge y \in B \wedge z \in C\}$$

显然 $(A \times B) \times C \neq A \times (B \times C)$,因为后一项并不是序偶。

(直积的几个等式) 设任意三个集合 A, B, C 那么存在:

(1) $A \times (B \cup C) = (A \times B) \cup (A \times C)$ (2) $A \times (B \cap C) = (A \times B) \cap (A \times C)$

（3）$(A\bigcup B)\times C=(A\times C)\bigcup(B\times C)$ （4）$(A\bigcap B)\times C=(A\times C)\bigcap(B\times C)$

我们对其中的第三个进行证明,其余读者可以参照证明:

证:若

$$\langle x,y\rangle\in(A\bigcup B)\times C\Leftrightarrow x\in(A\bigcup B)\wedge y\in C\Leftrightarrow(x\in A\vee x\in B)\wedge(y\in C)$$

$$\Leftrightarrow(x\in A\wedge y\in C)\vee(x\in B\wedge y\in C)$$

$$\Leftrightarrow\langle x,y\rangle\in A\times C\vee\langle x,y\rangle\in B\times C$$

$$\Leftrightarrow\langle x,y\rangle\in((A\times C)\bigcup(B\times C))$$

证毕。

定理 3-7（扩展与缩小等价性） 若 $C\neq\varnothing$,那么

$$A\subseteq B\Leftrightarrow A\times C\subseteq B\times C\Leftrightarrow C\times A\subseteq C\times B$$

首先,定理 3-7 给出的是等价特性,并不是直积结果相同,它是一种互相蕴含的表达式。证明可以直接由直积的前后有序性得到,我们给出证明:

证:（1）证明 $A\subseteq B$ 可以得到

$$(A\times C)\subseteq(B\times C)$$

若 $y\in C,C\neq\varnothing$ 且 $x\in A\subseteq B\Rightarrow x\in B$,那么

$$\langle x,y\rangle\in(A\times C)$$

$$\Leftrightarrow(x\in A\wedge y\in C)\subseteq(x\in B\wedge y\in C)$$

$$\Leftrightarrow(A\times C)\subseteq(B\times C)$$

（2）证明反过程,若已知 $y\in C,C\neq\varnothing$,由 $(A\times C)\subseteq(B\times C)$ 得到

$$\langle x,y\rangle\in(A\times C)\subseteq\langle x,y\rangle\in(B\times C)$$

$$\Leftrightarrow(x\in A\wedge y\in C)\subseteq(x\in B\wedge y\in C)$$

$$\Leftrightarrow[(x\in A)\subseteq(x\in B)]\wedge y\in C$$

$$\Leftrightarrow[(x\in A)\subseteq(x\in B)]\wedge\mathbf{T}$$

$$\Leftrightarrow A\subseteq B$$

证毕。

其中第三步中由于已知 $y\in C,C\neq\varnothing$ 必定为真,那么就转化为 $\mathbf{T}$,定理的第二部分可以用同样的办法。

定理 3-8（直积的对应从属） 设四个非空集合 A,B,C,D,那么 $A\times B\subseteq C\times D$ 的充要条件是 $A\subseteq C,B\subseteq D$。

证:充分性:若 $A\times B\subseteq C\times D$ 那么

$$(x\in A\wedge y\in B)$$

$$\Rightarrow\langle x,y\rangle\in(A\times B)\subseteq\langle x,y\rangle\in(C\times D)$$

$$\Rightarrow(x\in C\wedge y\in D)$$

由对应关系可以知道 $A\subseteq C$ 且 $B\subseteq D$。

必要性:若 $A\subseteq C,B\subseteq D$,那么

$$\langle x,y\rangle\in(A\times B)$$

$$\Leftrightarrow(x\in A\wedge y\in B)\subseteq(x\in C\wedge y\in D)$$

$$\Rightarrow\langle x,y\rangle\in(C\times D)$$

$$\Rightarrow A\times B\subseteq C\times D$$

证毕。

3.3　集合的计数与划分

集合的运算可以用在**有限元素**集合的计数上，计数问题常常运用在概率统计和一些小规模的问题上，下面我们做具体介绍。

定义 3-17（集合的规模或基数）　我们将一个集合 A 所包含的元素个数 n 称为集合的规模，记作 $|A|=n$ 或 $card(A)=n$。

显然根据这个定义我们可以得到集合规模的一些关系：

(1) $|A+B| \leqslant |A|+|B|$　　　　(2) $|A \cap B| \leqslant \min(|A|,|B|)$

(3) $|A-B| \geqslant |A|-|B|$　　　　(4) $|A \oplus B|=|A|+|B|-2|A \cap B|$

定理 3-9（包含排斥）　若有限集合 $A_1,A_2,\cdots,A_n,n \geqslant 2$，其中的元素个数分别为 $|A_1|$，$|A_2|,\cdots,|A_n|$，那么

$$|A_1 \bigcup A_2 \bigcup \cdots \bigcup A_n|=(-1)^0 \sum_{i=1}^{n}|A_i|+(-1)^1 \sum_{1 \leqslant i<j \leqslant n}|A_i \bigcap A_j|$$
$$+(-1)^2 \sum_{1 \leqslant i<j<k \leqslant n}|A_i \bigcap A_j \bigcap A_k|+\cdots$$
$$+(-1)^{n-1}|A_1 \bigcap A_2 \bigcap A_3 \bigcap \cdots \bigcap A_n|$$

证略，包含排斥是由归纳法逐步得到，其中在实际运用中常用的是二元和三元包含排斥。

（二元包含排斥） $|A \bigcup B|=|A|+|B|-|A \bigcap B|$

（三元包含排斥） $|A \bigcup B \bigcup C|=|A|+|B|+|C|-|A \bigcap B|-|B \bigcap C|-|C \bigcap A|+|A \bigcap B \bigcap C|$

对于包含排斥的可用文氏图来解释，如图 3-6 所示。

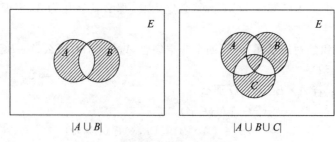

图 3-6　包含排斥原理

图 3-6 左侧显示的二元包含排斥的关系，可将它理解为中间空白部分在计数时计算了两次，因而在最后的表达式中需要减去重复计数的部分。而三元包含排斥需要在偶次重叠的地方减去一次（对应空白＋中心部分），由于这一步多减去了一个中心，所以需要再加上一次。

例 3-6　一支参加体育比赛的队伍共有 21 人，其中参加 A 组比赛的有 9 人，B 组比

赛的有 10 人, C 组有 12 人, 同时由于比赛时间安排充裕, 有 3 人同时参加了 A 和 B 组, 也有 3 人同时参加了 A 和 C 组, 已知其中 1 个人三组都参加了, 请问同时参加 B 和 C 组的有多少人?

解: 本题作为概率论中常出现的题目, 我们给出两种做法。

首先将文字描述转化为公式, 那么:

$|A \cup B \cup C| = 21, |A| = 9, |B| = 10, |C| = 12, |A \cap B| = 3, |A \cap C| = 3, |A \cap B \cap C| = 1$

第一种: 文氏图, 如图 3-7 所示。首先将 $|A \cap B \cap C| = 1$ 填入, 并设所求的部分为 x, 那么 $|B \cap C| = 1 + x$, 再依次填入其余数字 $|A \cap B| = 3, |A \cap C| = 3$, 再根据 $|A| = 9, |B| = 10, |C| = 12$ 填入剩余数字, 最后利用总数 $|A \cup B \cup C| = 21$ 计算得到 $x = 4$。

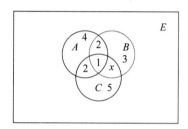

图 3-7 文氏图

第二种: 公式推导, 根据已知条件, 可以得到:

$|A \cup B \cup C| = |A| + |B| + |C| = 12 - |A \cap B| - |A \cap C| - |B \cap C| + |A \cap B \cap C| = 21$

带入得到

$$9 + 10 + 12 - 3 - 3 - (1 + x) + 1 = 21 \Rightarrow x = 4$$

在实际使用集合理论时, 还常常涉及另外一种对集合的操作, 这就是将集合划分成若干小集合, 它也是推动概率论发展的重要支撑, 其中著名的贝叶斯概率和全概率论就是利用的集合的有限划分来推理的。

定义 3-18 (集合的划分) 将集合 A 的所有元素不可重复的分配给它的非空子集 $A_1, A_2, \cdots, A_n$, 我们称它们组成的集合 $\{A_1, A_2, \cdots, A_n\}$ 为 A 的一个划分。

属性定义为 $A_i \subseteq A, A_i \cap A_j = \varnothing (i \neq j), A_i \neq \varnothing, \bigcup_{i=1}^{n} A_i = A$

定义 3-19 (集合的覆盖) 将集合 A 的所有元素可重复的分配给它的非空子集 $A_1, A_2, \cdots, A_n$, 我们称 $\{A_1, A_2, \cdots, A_n\}$ 为 A 的一个覆盖。

属性定义为 $A_i \subseteq A, A_i \neq \varnothing, \bigcup_{i=1}^{n} A_i = A$

例如考虑集合 $A = \{a, b, c\}$ 的子集:

$$O = \{\{a, b\}, \{b, c\}\}, \quad P = \{\{a\}, \{a, b\}, \{a, c\}\}, \quad Q = \{\{a\}, \{b, c\}\},$$
$$R = \{\{a, b, c\}\}, \quad S = \{\{a\}, \{b\}, \{c\}\}, \quad T = \{\{a\}, \{a, c\}\}$$

对于 A 来说, Q, R, S 都是集合 A 的划分, 因为里面的子集没有共同元素, 且涵盖了 A 的所有元素; O, P 都是 A 的覆盖, 因为它有重复的部分。显然 T 由于缺少元素 b, 因而并不是原集合的划分或覆盖。

通过定义可以知道, 对于**划分来说必定是覆盖的**, 只是这个覆盖的重复的元素个数为**零**而已。另外, 我们把每一个单独元素组成的一个子集的划分称之为最大划分。例如, 对

于 A 来说 S 就是最大划分,另外的极端就是它自身的划分,如 R 就是 A 的最小划分。

由于集合的划分并没有指定哪个元素分派给哪个子集,因而一个集合的划分或者覆盖是不唯一的,正如一个班级划分为不同打扫卫生小组一样,很难确定到底今天谁被分配到一组。

集合的划分还常常被用到生物学中去查找关系,其中比较特别的就是集合的交叉划分。

定义 3-20(集合的交叉划分) 若 $\{A_1, A_2, \cdots, A_s\}$ 与 $\{B_1, B_2, \cdots, B_s\}$ 是集合 S 的不同划分,那么由其中所有满足 $A_i \cap B_j \neq \varnothing$ 组合成的集合,称为原集合两种划分的交叉划分。

例如集合 $A = \{a, b, c, d\}$,那么它的两个划分为:

$$\{\{a\}, \{b, c\}, \{d\}\} \text{和} \{\{a, b\}, \{c\}, \{d\}\}$$

显然它们满足交集不为空的有

$$\{a\} \cap \{a, b\} = \{a\}; \{b, c\} \cap \{a, b\} = \{b\}; \{b, c\} \cap \{c\} = \{c\}; \{d\} \cap \{d\} = \{d\}$$

最后得到交叉划分

$$\{\{a\}, \{b\}, \{c\}, \{d\}\}$$

我们从上面的例子可以看到,最终得到的结果其实也是原来集合的一种划分,因而可以加以推论得到定理。

定理 3-10(交叉划分的从属) 若 $\{A_1, A_2, \cdots, A_s\}$ 与 $\{B_1, B_2, \cdots, B_s\}$ 是集合 S 的不同划分,那么它们的交叉划分也是原集合的一种划分。

定义 3-21(细化划分) 若 $\{A_1, A_2, \cdots, A_s\}$ 与 $\{B_1, B_2, \cdots, B_s\}$ 是集合 S 的不同划分,且对每一个 A_i 均有一个 B_j 使得 $A_i \subseteq B_j$,那么称 $\{A_1, A_2, \cdots, A_s\}$ 是 $\{B_1, B_2, \cdots, B_s\}$ 的加细。

定理 3-11(交叉划分的加细性) 集合 S 的不同划分的交叉划分是原来各自划分的细化。

证:设 $\{A_1, A_2, \cdots, A_s\}$ 与 $\{B_1, B_2, \cdots, B_s\}$ 是集合 S 的不同划分,那么交叉划分中的元素必然是 $A_i \cap B_j$,且有 $A_i \cap B_j \subseteq A_i$ 或 $A_i \cap B_j \subseteq B_j$,显然可以证明定理结论。

证毕。

3.4 集合的基数

我们知道自然数集是无限集,实数也是无限集,那么它们元素的个数是否相同?应如何比较?这节将介绍解决这类问题的方法。从字面上可以看出,有限集中包含的元素的个数是有限个,无限集中包含的元素的个数是无穷多个,现在我们用集合的基数的概念来考虑集合元素的个数问题。

定义 3-22 集合中元素的个数称为集合的**基数**。集合 A 的基数可用 $|A|$ 表示。

例如 $|\{a, b, c, d\}| = 4$,空集的基数 $|\varnothing| = 0$,如果集合 A 是由 n 个元素组成的有限集,那么 $P(A)$ 也应是有限集,其基数 $|P(A)|$ 为 2^n。例如,集合 $A = \{a, b, c, d\}$,则它的幂集的基数 $|P(A)| = 2^4 = 16$。

现在用集合的基数将集合分类。

定义 3-23　如果存在 $n \in \mathbf{N}$，且集合基数 $|A| \leqslant n$，则集合 A 是**有限集合**，如果不存在这样的 n，则 A 为**无限集合**。

接下来，讨论无限集的基数。在研究无限集基数前，首先引入等势的概念。

定义 3-24　对于集合 A 与 B，如果存在一一对应的关系，则称集合 A 与 B 是**等势的**，记为 $A \sim B$。

显然集合的等势表示了集合个数的多少，即，如两个集合等势就是这两个集合的基数相同。对于有限集而言，两个集合等势就是这两集合的元素的个数（即基数）相同。

【例 3-7】　证明：自然数集 $\mathbf{N}$ 与其的一个子集 $S = \{2n \mid n \in \mathbf{N}\}$ 均为无限集，且 $N \sim S$。

证明：找到自然数集 $\mathbf{N}$ 与 $S = \{2n \mid n \in \mathbf{N}\}$ 之间的一一对应关系：

$$f: \quad N \rightarrow S$$
$$n \mapsto 2n$$

由定义可知，自然数集 $\mathbf{N}$ 与 $S = \{2n \mid n \in \mathbf{N}\}$ 等势，即 $\mathbf{N} \sim S$。如果用集合的基数来表示两者的大小关系，即 $|\mathbf{N}| = |S|$。

证毕。

定义 3-25　如果一个集合的元素与自然数集 $\mathbf{N}$ 的元素之间存在一一对应关系，称该集合为**可数无限集**，简称**可数集**。

由上述例子可知，$S = \{2n \mid n \in \mathbf{N}\}$ 是可数集。类似地，所有 5 的倍数所构成的集合 $\{5, 10, 15, 20, \cdots\}$，所有非负整数集合 $\{0, 1, 2, 3, 4, \cdots\}$，整数集都是可数集。

总之，如果一个集合能从一个元素开始，将集合中的所有元素按一定的顺序排成一列，那么这个集合就是可数集。因为，这实际上建立了一个从这集合到自然数集上的一一对应。

可数集之间有如下性质：

(1) 有限集与可数集的并仍是可数集。

(2) 两个可数集的并仍是可数集。

(3) 有限个可数集的并仍是可数集。

(4) 可数个可数集的并然仍是可数集。

定理 3-12　任一无限集必包含一可数集。

证明：如果一个集合 A 是无限集，我们依次从这集合中取出元素 a_i，由此可得一可数集 $\{a_1, a_2, a_3, \cdots, a_n, \cdots\}$，显然，这可数集是包含在集合 A 中。

证毕。

定理 3-13　若集合 A 是无限集，则它必包含与其等势的真子集。

证明：由定理知，若集合 A 是无限集，得到 A 的一个可数子集 $B = \{a_1, a_2, \cdots, a_n, \cdots\}$，我们作一集合 $D = A - \{a_1\}$，显然，$D \subset A$，从而找到 A 到 D 的一个一一对应 f：

设 $x \in A, y \in D, f: \quad A \rightarrow D$

$$a_n \mapsto a_{n-1}$$
$$b \mapsto b, b \notin B$$

这样我们就得到了 A 与 D 等势，即 $A \sim D$。

证毕。

显然,有限集不能与自己的真子集等势,因此,这定理就是无限集的一个特征,是区别于有限集的一个重要标志。有了这个定理,我们可以重新定义无限集。

定义 3-23′ 若集合 A 存在与其等势的真子集,则集合 A 为无限集。

由定理 3-12 可得,可数集是无限集中基数最小的集合,即可数集是最小的无限集。若集合 A 是无限集,那么 $|A| \geqslant |N|$。我们称可数集的基数为 $\aleph_0$(念作 Aleph 零)。根据这个概念,我们马上可以得出,所有的可数集基数均为 $\aleph_0$。

下面要提的问题是:是否所有的无限集均一样大小,亦即是说,是否所有的无限集的基数都是 $\aleph_0$?可数集是"最小"的无限集,故不可能有比基数为 $\aleph_0$ 更小的无限集了。比基数为 $\aleph_0$ 更大的无限集是否存在呢?这个问题的答案是肯定的,也就是说,存在一些不与自然数集等势的无限集,实数集就是这样一个例子。

定理 3-14 实数集 **R** 不是可数集。

(证明略)

定理 3-15 集合 $(0,1)$ 不是可数集,且集合 $(0,1) \sim \mathbf{R}$。

(证明略)

实数集不是可数集,实数集的基数要比自然数集的基数大。

定义 3-26 实数集是**不可数集**,所有和实数集等势的都是不可数集。不可数集的基数用 $\aleph$(或用 c)来表示,称为连续统的势。

德国数学家康托尔(Cantor)认为,$\aleph_0$ 与 $\aleph$ 之间没有其他基数存在,也就是说,$\aleph$ 是 $\aleph_0$ 后第一个比 $\aleph_0$ 大的基数,这就是有名的连续统假设。

在无限集中,除了 $\aleph_0$ 与 $\aleph$ 以外是否还有其他更大基数的集合存在呢?康托尔给出了证明。

定理 3-16 任何一个集合 A,它的幂集 $P(A)$ 的基数一定比 A 的基数大。

(证明略)

因此,对任一个无限集,总存在一个基数大于这个集合的集合。也就是说,无限集的"大小"是无限的。

3.5 习 题

3-1 判断题。

1. $\varnothing \in \varnothing$。(   )

2. $\varnothing \subseteq \varnothing$。(   )

3. "信息技术学院中帅气的男生"不可构成一个集合。(   )

4. "大数据"可构成一个集合。(   )

5. "信息技术学院的大二男生"不可构成一个集合。(   )

6. "南京中医药大学美丽的格桑花"不可构成一个集合。(   )

7. "信息技术学院中选修离散数学的男生"不可构成一个集合。(   )

8. 空集有子集。（　　　）

9. 由 3 的整数倍构成的集合是可数的。（　　　）

10. $(A \times B) \times C = A \times (B \times C)$。（　　　）

11. 任何集合都有子集。（　　　）

12. 设 A, B 为任意集合，可能存在 $A \subset B$ 且 $A \in B$。（　　　）

13. 由 2 的整数倍构成的集合是不可数的。（　　　）

14. $\varnothing \subseteq \{\varnothing\}$。（　　　）

15. 0 和 1 之间的实数是可数的。（　　　）

16. 集合 A, B，肯定有 $(A \cup B) - A = B$。（　　　）

17. $\{\varnothing, \{\varnothing\}\} \in P(P(\{\varnothing\}))$。（　　　）

18. $0 \notin \{\varnothing\}$。（　　　）

19. A, B, C 为任意集合，若 $A \cup B = A \cup C$，则 $B = C$。（　　　）

20. $(A \oplus B) \oplus C = A \oplus (B \oplus C)$。（　　　）

21. 设 $A = \{0, 1\}, B = \{1, 2\}$，则 $A^2 \times B = \{<0, 1, 1>, <0, 1, 2>, <1, 0, 1>, <1, 0, 2>\}$。（　　　）

3-2　单选题。

1. 设 $A = \varnothing, B = \{\varnothing, \{\varnothing\}\}$ 则 $B - A$ 是（　　　）。
   A. $\{\{\varnothing\}\}$　　　　B. $\{\varnothing, \{\varnothing\}\}$　　　　C. $\{\varnothing\}$　　　　D. $\varnothing$

2. 下列是假命题的有（　　　）。
   A. $a \in \{a, \{a\}\}$　　B. $\{a\} \in \{a, \{a\}\}$　　C. $\{a\} \subseteq \{\{a\}\}$　　D. $\{a\} \subseteq \{a, \{a\}\}$

3. 下列结果正确的是（　　　）。
   A. $(A \cup B) - A = B$　　　　　　　　B. $(A \cap B) - A = \varnothing$
   C. $(A - B) \cup B = A$　　　　　　　　D. $\varnothing \cup \{\varnothing\} = \varnothing$

4. 下列结论正确的是（　　　）。
   A. 若 $A \cup B = A \cup C$，则 $B = C$　　　　B. 若 $A \cup B \subseteq A \cap B$，则 $B = A$
   C. 若 $A \cap B = A \cap C$，则 $B = C$　　　　D. 若 $A \subset B$ 且 $C \subset D$，则 $A \cap C \subset B \cap D$

5. 下列结论正确的是（　　　）。
   A. $\varnothing \cap \{\varnothing\} = \{\varnothing\}$　　　　　　B. $\varnothing \cup \{\varnothing\} = \varnothing$
   C. $(A \cap B) - A = \varnothing$　　　　　　　D. $A \oplus A = A$

6. 设 A, B, C 是集合，则下述论断正确的是（　　　）。
   A. 若 $A \subset B, B \in C$，则 $A \in C$　　　　B. 若 $A \subseteq B, B \in C$ 则 $A \subseteq C$
   C. 若 $A \in B, B \subseteq C$ 则 $A \in C$　　　　D. 若 $A \in B, B \subseteq C$ 则 $A \subseteq C$

7. 幂集 $P(P(P(\varnothing)))$ 为（　　　）。
   A. $\{\{\varnothing\}, \{\varnothing, \{\varnothing\}\}\}$　　　　　　B. $\{\varnothing, \{\varnothing, \{\varnothing\}\}, \{\varnothing\}\}$
   C. $\{\varnothing, \{\varnothing, \{\varnothing\}\}, \{\{\varnothing\}\}, \{\varnothing\}\}$　　D. $\{\varnothing, \{\varnothing, \{\varnothing\}\}\}$

3-3　不定项选择。

1. 设 $A = \{\varnothing\}, B = P(P(A))$，下列（　　　）表达式成立。
   A. $\varnothing \subseteq B$　　　　B. $\{\varnothing\} \subseteq B$　　　　C. $\{\varnothing\} \in B$　　　　D. $\{\{\varnothing\}\} \subseteq B$

E. $\{\{\varnothing\}\} \in B$

2. 下列式子正确的是(　　)。

　A. $(A-B)-C=A-(B \cup C)$

　B. $\overline{A-B}=\overline{B-A}$

　C. $(A \oplus B) \cap C=(A \cap C) \oplus (B \cap C)$

　D. $A \cap (B \oplus C)=(A \cap B) \oplus (A \cap C)$

　E. $A \cup (B \oplus C)=(A \cup B) \oplus (A \cup C)$

3. 设 $A_1=\varnothing$, $A_2=\{\varnothing\}$, $A_3=P(\{\varnothing\})$, $A_4=P(\varnothing)$, 以下命题为真的是(　　)。

　A. $A_2 \in A_4$　　　　　B. $A_1 \subseteq A_3$　　　　　C. $A_4 \subseteq A_2$　　　　　D. $A_4 \in A_3$

　E. $A_2 \in A_3$

4. A,B,C 是三个集合,则下列推理不正确有(　　)。

　A. 若 $A \subseteq B$, $B \subseteq C$ 则 $A \subseteq C$

　B. 若 $A \subseteq B$, $B \subseteq C$ 则 $A \in C$

　C. 若 $A \subseteq B$, $B \in C$ 则 $A \in C$

　D. 若 $A \in B$, $B \subseteq C$ 则 $A \subseteq C$

　E. 若 $A \subseteq B$, $B \in C$ 则 $A \subseteq C$

5. 以下说法正确的有(　　)。

　A. $(A-B)-C=A-(B \cup C)$

　B. $A-(B \cup C)=(A-B) \cup C$

　C. $A \cap (B \oplus C)=(A \cap B) \oplus (A \cap C)$

　D. $(A \cap B) \times (C \cap D)=(A \times C) \cap (B \times D)$

　E. $(A \oplus B) \times C=(A \times C) \oplus (B \times C)$

6. 以下说法正确的有(　　)。

　A. 若 $A \in B$ 且 $B \subseteq C$, 则 $A \subseteq C$

　B. 若 $A \subseteq B$ 且 $B \in C$, 则 $A \subseteq C$

　C. 若 $A \subseteq B$ 且 $B \in C$, 则 $A \notin C$

　D. $A \cap (B \oplus C)=(A \cap B) \oplus (A \cap C)$

　E. $(A-B) \times C=(A \times C)-(B \times C)$

3-4　解答题。

1. 在 30 个学生中有 18 个爱好音乐,12 个爱好美术,15 个爱好体育,10 个既爱好音乐又爱好体育,8 个既爱好美术又爱好体育,11 个既爱好音乐又爱好美术,但有 6 个学生这三种爱好都没有,试求这三种爱好都有的人数。

2. 某班有 25 个学生,其中 14 人会打篮球,12 人会打排球,6 人会打篮球和排球,5 人会打篮球和网球,还有 2 人会打这三种球。已知 6 个会打网球的人都会打篮球或排球,求不会打球的人数。

3-5　设 A,B,C 是任意集合,利用集合恒等式,证明下列结论:

1. $A \cup B=A-B$ 当且仅当 $B=\varnothing$。

2. $A \cap B=A-B$ 当且仅当 $A=\varnothing$。

3. $A \cup B = A \cap B$ 当且仅当 $A = B$。

4. $A - B = B - A$ 当且仅当 $A = B$。

5. $P(A) \cap P(B) = P(A \cap B)$。

6. $P(A) \cup P(B) \subseteq P(A \cup B)$。

7. $(A \cap B) \cup C = A \cap (B \cup C)$ 当且仅当 $C \subseteq A$。

8. 若 $A \cup B = A \cup C$ 且 $A \cap B = A \cap C$，则 $B = C$。

3-6 设 A, B, C, D 为任意集合，判断下列结论是否成立？成立的给出证明，不成立的说明理由或者举出反例。

1. 如果 $A \times B = A \times C$，那么 $B = C$。

2. $A - (B \times C) = (A - B) \times (A - C)$。

3. 如果 $A = B$ 且 $C = D$，那么 $A \times C = B \times D$。

4. 存在集合 A 使得 $A \subseteq A \times A$。

5. $(A \cup B) \times (C \cup D) = (A \times C) \cup (B \times D)$。

6. $(A - B) \times (C - D) = (A \times C) - (B \times D)$。

7. 若 $A \cup B = A \cup C$，则 $B = C$。

8. 若 $A \cap B = A \cap C$，则 $B = C$。

第 **4** 章 二元关系

4.1 关系及其表示

上一章我们介绍了集合的一些基本概念和运算,其中集合的笛卡儿积是作为集合运算的最后部分来介绍的,它讨论了两个量之间的关系,而且笛卡儿积中的这个关系是一种先后顺序的关系,本章将介绍离散数学中有着重要实际应用的二元关系。

定义 4-1(二元关系) 给定的任一序对(序偶)的集合确定了一个关系 R,其中 R 中的任一序对(序偶)$\langle x,y \rangle$ 记作关系 $\langle x,y \rangle \in R$ 或者 xRy;若不是关系 R 集合下的序偶,那么可以记作 $\langle x,y \rangle \notin R$ 或 $x R\!\!\!/ y$。

二元关系就是集合中两个元素之间的某种相关性。需要注意的是,关系 R 通常被理解为定义在两个数 x,y 上的操作,例如:当表示大于关系时,$R = \{\langle x,y \rangle \mid x > y\}$ 或者表示成 $> = \{\langle x,y \rangle \mid x > y\}$,因而从实际来说二元关系是一个**序偶集合**,只是这个集合里面的序偶都满足**操作条件 R**。

显然 $|X| = n$,在 X 上有 2^{n^2} 种不同的关系。

定义 4-2(域) 若给定二元关系 R,由序偶 $\langle x,y \rangle \in R$ 中所有的 x 组成的集合称之为定义域,记作 $\mathrm{dom}\,R$;由序偶 $\langle x,y \rangle \in R$ 中所有的 y 组成的集合称之为值域,记作 $\mathrm{ran}\,R$;其中定义域和值域一起叫作 R 域,记作 $\mathrm{FLD}\,R$。

属性定义为:$\mathrm{dom}\,R = \{x \mid (\exists y)(\langle x,y \rangle \in R)\}$ 和 $\mathrm{ran}\,R = \{y \mid (\exists x)(\langle x,y \rangle \in R)\}$ 以及 $\mathrm{FLD}\,R = \mathrm{dom}\,R \cup \mathrm{ran}\,R$。

【例 4-1】 计算关系 $R = \{\langle 1,a \rangle, \langle 3,b \rangle, \langle 2,6 \rangle, \langle 2,1 \rangle, \langle a,b \rangle\}$ 的定义域、值域和域。

解:$\mathrm{dom}\,R = \{1,3,2,a\}$;$\mathrm{ran}\,R = \{a,b,6,1\}$;$\mathrm{FLD}\,R = \{1,3,2,a,b,6\}$。

定义 4-3(直积映射关系) 任意给定两个集合 X 和 Y,直积 $X \times Y$ 的一个子集 R 称作集合 X 到集合 Y 的一个映射关系,或集合 X 按照关系 R 映射到集合 Y,记作 $X \xrightarrow{R} Y$。当 $R = X \times Y$ 时,我们称 R 为全域映射关系;当 $R = \varnothing$ 时,称为空映射关系;当 $X = Y$ 时,直积 $X \times X$ 的某个子集 R 称为集合 X 上的某个二元关系。

【例 4-2】 已知集合 $X = \{1,2,3\}$,求集合 X 上的关系 $<$ 及 $\mathrm{dom}<,\mathrm{ran}<$。

解:已知直积 $X \times X = \{\langle 1,1 \rangle, \langle 1,2 \rangle, \langle 1,3 \rangle, \langle 2,1 \rangle, \langle 2,2 \rangle, \langle 2,3 \rangle, \langle 3,1 \rangle, \langle 3,2 \rangle, \langle 3,3 \rangle\}$ 那么满足关系 $<$ 的集合 R 为:

$$R = \; < \; = \{\langle 1,2 \rangle, \langle 1,3 \rangle, \langle 2,3 \rangle\}; \mathrm{dom}< = \{1,2\}; \mathrm{ran}< = \{2,3\}$$

定义 4-4(恒等关系) 若在集合 X 上的关系 R 满足 $R=\{\langle x,x\rangle\mid x\in X\}$,那么称关系 R 为恒等关系,记作 I_X。

定理 4-1(关系的运算) 若 R_1 和 R_2 是从集合 X 到集合 Y 的两个关系,那么 R_1,R_2 的并、交、补和差的结果仍然是集合 X 到集合 Y 的关系。

显然我们可以使用集合的证明方式证明它的正确性。

证:因为

$$R_1\subseteq X\times Y,\quad R_2\subseteq X\times Y$$

显然有:

$$R_1\bigcup R_2\subseteq X\times Y,\quad R_1\bigcap R_2\subseteq X\times Y,$$
$$R_1-R_2\subseteq X\times Y,\overline{R_1}=(X\times Y-R_1)\subseteq X\times Y$$

需要提醒的是,由于关系 R_1 和 R_2 都是直积 $X\times Y$ 上的子集,而 R_1 和 R_2 的补也是直积 $X\times Y$ 上的子集,所以 R_1 和 R_2 的补也是集合 X 到集合 Y 的关系。

关系的表示可以使用集合来表示,也可以使用分析中常常用的关系图,或者在实际计算机运算时较为方便的矩阵来表示。下面我们就对这两个实际运用较多的表示方式做介绍。

首先我们先介绍关系图,关系图是将关系集合中的每一个序偶的两个元素作为端点,中间用有向直线连接。

【例 4-3】(关系的两种表示) 集合 $X=\{1,2,3,4,5\}$,现在给出集合 X 上的一个二元关系 R 如下,请画出关系 R 的关系图。

$$R=\{\langle 1,4\rangle,\langle 1,5\rangle,\langle 2,2\rangle,\langle 2,3\rangle,\langle 3,1\rangle,\langle 3,4\rangle\}$$

解:根据给的关系图,首先把所有出现在关系 R 中的数,也就是 R 的域确定下来:

$$\text{FLD }R=\{1,2,3,4,5\}$$

再根据每对序偶分别**有序且有方向**的连接各个端点。

(1)**关系图**:如图 4-1 所示。

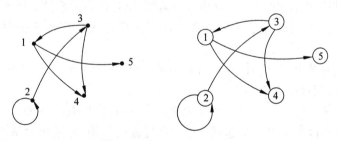

图 4-1 关系 R 的两种表示

其中需要注意的是 $\langle 2,2\rangle$ 是自身到自身的,我们约定它的图形是逆时针指向自己,左图比较简便,右图常常用在标识网络结点。

(2)**关系矩阵**:在介绍关系矩阵前,我们先给出基本操作。

已知关系矩阵:

$$\boldsymbol{M}_R=\left[\boldsymbol{r}_{ij}\right]_{m\times n}=\begin{bmatrix}r_{11}&r_{12}&\cdots&r_{1n}\\r_{21}&r_{22}&\cdots&r_{2n}\\\vdots&\vdots&\ddots&\vdots\\r_{m1}&r_{m2}&\cdots&r_{mn}\end{bmatrix}$$

其中 r_{ij} 的下标 ij 表示序偶 $\langle x,y \rangle$ 的位置在第 i 行第 j 列,若序对 $\langle x,y \rangle \in R$,那么,矩阵 $\boldsymbol{M}_R$ 的第 i 行第 j 列记为 1,否则记为 0。用表达式表示就是:

$$r_{ij} = \begin{cases} 1, & \langle x_i, y_j \rangle \in R \\ 0, & \langle x_i, y_j \rangle \notin R \end{cases}$$

根据这个表达,可以知道图 4-1 的关系还可以表示域关系矩阵:

$$\boldsymbol{M}_R = \begin{bmatrix} 0 & 0 & 0 & 1 & 1 \\ 0 & 1 & 1 & 0 & 0 \\ 1 & 0 & 0 & 1 & 0 \\ 0 & 0 & 0 & 0 & 0 \\ 0 & 0 & 0 & 0 & 0 \end{bmatrix}$$

需要注意关系图有一定的方向性,所以通常是按照行来找对应的关系,如图 4-2 所示。

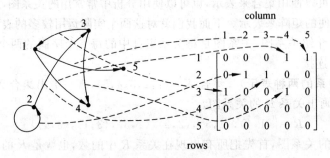

图 4-2 对应关系

我们已经知道关系的表示和关系的实际意义,对于一个已知的关系,可以把它理解为一个关系集合,作为集合,就可以进行集合的运算,但是作为关系又不同于集合,因此离散数学中为关系运算专门设计了一套运算规则。这里首先介绍对于关系的复合以及逆关系。

定义 4-5(复合关系) 设 R 为 X 到 Y 的关系,设 S 为 Y 到 Z 的关系,那么 $R \circ S$ 为 R 和 S 的复合关系,属性定义表示为:

$$R \circ S = \{ \langle x,z \rangle \mid x \in X \wedge z \in Z \wedge \exists y (y \in Y \wedge xRy \wedge ySz) \}$$

从属性定义可以看出来 y 是起到一个中间过渡的作用,好比两个城市之间的关系是通过道路连接的一样,若不存在道路,那么这个复合关系也无法存在。

对复合关系进行推广,我们还可以得到形如 $(R \circ S) \circ T$ 或者 $R \circ (S \circ T)$,很容易证明 $(R \circ S) \circ T = R \circ (S \circ T)$。若复合关系是这种形式 $R \circ R, R \circ R \circ R, R \circ R \circ R \circ R, \cdots$,我们可以分别简写为 $R^2, R^3, R^4, \cdots$

$$R^0 = I_X = \{ \langle x,x \rangle \mid x \in X \}, R^{n+1} = R^n \circ R$$

由于关系可以用关系矩阵来表示,那么对于复合关系,可以使用关系矩阵的关系运算来求得。下面具体给出运算方法:

已知关系矩阵 $\boldsymbol{M}_R = [r_{ij}]$,$\boldsymbol{M}_S = [r_{jk}]$,如果能在 $\boldsymbol{M}_R, \boldsymbol{M}_S$ 找到 $r_{ij} \wedge r_{jk} = 1$,那么在 $\boldsymbol{M}_{R \cdot S} = [r_{ik}]$ 中令 $r_{ik} = 1$,否则令 $r_{ik} = 0$。

【例 4-4】（矩阵的复合关系） 已知关系 R,S,求 $R \circ S$ 的关系矩阵。

$$\boldsymbol{M}_R = \begin{bmatrix} 1 & 0 & 1 \\ 1 & 1 & 0 \\ 0 & 0 & 0 \end{bmatrix}, \quad \boldsymbol{M}_S = \begin{bmatrix} 0 & 1 & 0 \\ 0 & 0 & 1 \\ 1 & 0 & 1 \end{bmatrix}$$

解：

$$\boldsymbol{M}_{R \cdot S} = \boldsymbol{M}_R \circ \boldsymbol{M}_S = \begin{bmatrix} 1 & 0 & 1 \\ 1 & 1 & 0 \\ 0 & 0 & 0 \end{bmatrix} \circ \begin{bmatrix} 0 & 1 & 0 \\ 0 & 0 & 1 \\ 1 & 0 & 1 \end{bmatrix} = \begin{bmatrix} 1 & 1 & 1 \\ 0 & 1 & 1 \\ 0 & 0 & 0 \end{bmatrix}$$

这里乘法和加法分别是逻辑乘和逻辑加。

我们将其精细化,以便于理解,其中下标表示行列位置。

$$\begin{bmatrix} 1_{11} & 0 & 1_{13} \\ 1_{21} & 1_{22} & 0 \\ 0 & 0 & 0 \end{bmatrix} \circ \begin{bmatrix} 0 & 1_{12} & 0 \\ 0 & 0 & 1_{23} \\ 1_{31} & 0 & 1_{33} \end{bmatrix} = \begin{bmatrix} 1_{11} & 1_{12} & 1_{13} \\ 0 & 1_{22} & 1_{23} \\ 0 & 0 & 0 \end{bmatrix}$$

等号右边的矩阵中:$1_{11} = 1_{13} \to 1_{31}, \quad 1_{1,2} = 1_{11} \to 1_{12}, \quad 1_{13} = 1_{13} \to 1_{33}$
$$1_{22} = 1_{21} \to 1_{12}, \quad 1_{23} = 1_{22} \to 1_{23}$$

关系中除了复合关系外还有一个逆关系。**逆关系**实际上是将关系的方向调转,在关系图中最直接的就是改变所有的连接方向。

定义 4-6（逆关系） 设 R 为集合 X 到 Y 上的二元关系,若将 R 中每对序偶 $\langle x, y \rangle$ 的元素顺序调换所得到的关系 R^{-1},称为 R 的逆关系。

属性定义为:$R^{-1} = \{\langle y, x \rangle | \langle x, y \rangle \in R\}$

逆关系有这样一些运算性质:已知 A, B 均是从集合 X 到集合 Y 上的关系,那么

(1) $(A \bigcup B)^{-1} = A^{-1} \bigcup B^{-1}$ (2) $(A \bigcap B)^{-1} = A^{-1} \bigcap B^{-1}$

(3) $(A \times B)^{-1} = B \times A$ (4) $(\bar{A})^{-1} = \overline{A^{-1}}$,其中 $\bar{A} = X \times Y - A$

(5) $(A - B)^{-1} = A^{-1} - B^{-1}$ (6) $(A \circ B)^{-1} = B^{-1} \circ A^{-1}$

由于关系本身也是个集合,那么关系矩阵除了复合运算外还有关系运算的并和交,这两个运算实际上是对矩阵对应位置进行的运算,我们直接举例说明。

【例 4-5】 求关系矩阵的交和并,已知:

$$\boldsymbol{M}_1 = \begin{bmatrix} 0 & 1 & 0 \\ 0 & 0 & 1 \\ 1 & 0 & 0 \end{bmatrix}, \quad \boldsymbol{M}_2 = \begin{bmatrix} 1 & 1 & 0 \\ 1 & 0 & 0 \\ 0 & 1 & 1 \end{bmatrix}$$

解：$\boldsymbol{M}_1 \bigcap \boldsymbol{M}_2 = \begin{bmatrix} 0 & 1 & 0 \\ 0 & 0 & 1 \\ 1 & 0 & 0 \end{bmatrix} \wedge \begin{bmatrix} 1 & 1 & 0 \\ 1 & 0 & 0 \\ 0 & 1 & 1 \end{bmatrix} = \begin{bmatrix} 0 \wedge 1 & 1 \wedge 1 & 0 \wedge 0 \\ 0 \wedge 1 & 0 \wedge 0 & 1 \wedge 0 \\ 1 \wedge 0 & 0 \wedge 1 & 0 \wedge 1 \end{bmatrix} = \begin{bmatrix} 0 & 1 & 0 \\ 0 & 0 & 0 \\ 0 & 0 & 0 \end{bmatrix}$

$\boldsymbol{M}_1 \bigcup \boldsymbol{M}_2 = \begin{bmatrix} 0 & 1 & 0 \\ 0 & 0 & 1 \\ 1 & 0 & 0 \end{bmatrix} \vee \begin{bmatrix} 1 & 1 & 0 \\ 1 & 0 & 0 \\ 0 & 1 & 1 \end{bmatrix} = \begin{bmatrix} 0 \vee 1 & 1 \vee 1 & 0 \vee 0 \\ 0 \vee 1 & 0 \vee 0 & 1 \vee 0 \\ 1 \vee 0 & 0 \vee 1 & 0 \vee 1 \end{bmatrix} = \begin{bmatrix} 1 & 1 & 0 \\ 1 & 0 & 1 \\ 1 & 1 & 1 \end{bmatrix}$

4.2 关系的性质

在关系中有一类比较特殊，它通常研究了自身的一些特性，比如在实数域上，实数对于自身有的一些性质，本节我们将介绍这类性质。

定义 4-7（自反性） 设集合 X 上的二元关系 R，若 R 满足对**任意** $x \in X$ 都有 $\langle x,x \rangle \in R$，则称二元关系 R 是**自反的**，属性定义为 $\forall x(x \in X \to xRx)$；若**任意** $x \in X$ 都有 $\langle x,x \rangle \notin R$，那么称二元关系 R 是**反自反的**，属性定义为 $\forall x(x \in X \to (\langle x,x \rangle \notin R))$。

（自反性与反自反性）关系图与关系矩阵表示：

（1）若关系图 R 中每个端点都有自己指向自己的圆圈，那么这个关系是自反的；若关系图 R 中每个端点都没有指向自己的圆圈，那么这个关系是反自反的。

（2）若关系矩阵 $\boldsymbol{M}_R$ 的**主对角线**①**全部为 1**，那么这个关系是自反的；若主对角线上全是零，那么这个关系是反自反的。

自反性有时又被叫作自映射性，即自身可以映射到自己。例如，在数学中常常用到的 $x \leqslant x, x=x, x \geqslant x$，这三个关系都是自反的。需要强调的是对于自反性，一般只考虑集合 X 中的元素形成的 $\langle x,x \rangle$ 是否都在关系 R 中。例如，在集合 $X=\{1,2,3\}$ 上的关系 $R=\{\langle 1,1 \rangle, \langle 1,2 \rangle, \langle 2,2 \rangle, \langle 3,3 \rangle, \langle 2,3 \rangle\}$，这个关系就是自反的，因为对于 X 中每一个数均能找到一个相同元素对。

定义 4-8（对称性） 设集合 X 上的二元关系 R，如果对于每一对元素 $x,y \in X$，都有 $\langle x,y \rangle \in R$，且同时 $\langle y,x \rangle \in R$，那么关系 R 称为在集合 X 上是**对称**的。属性定义为：

$$\forall x \forall y(x \in X \land y \in X \land xRy \to yRx)$$

若对于每对 $x,y \in X$ 且 $x \neq y$，有 $\langle x,y \rangle \in R$ 且同时 $\langle y,x \rangle \notin R$，那么关系 R 称为在集合 X 上是**反对称**的。属性定义为：

$$\forall x \forall y(x \in X \land y \in X \land x \neq y \land \langle x,y \rangle \in R \to \langle y,x \rangle \notin R)$$

反对称属性定义的另一种表示为：

$$\forall x \forall y(x \in X \land y \in X \land \langle x,y \rangle \in R \land \langle y,x \rangle \in R \to x=y)$$

（对称性）关系图与关系矩阵表示：

（1）若关系图 R 中任意两个端点 A,B 之间若存在边，且互相指向，那么这个关系图是对称的，否则就反对称的。

（2）若关系矩阵 $\boldsymbol{M}_R$ 中所有的位置都是关于主对角线对称的，那么这个关系是对称的，否则是反对称的。

我们需要注意反对称性的两种属性表达方式，第一种是由不相等的 x,y 得到一个结论，第二种根据 (x,y) 和 (y,x) 都具有反对称性得到 $x=y$ 的结果。

在数学几何中，三角形的相似就是一个对称的例子。当一个三角形 A 与 A' 相似时，必然也存在 A' 与 A 相似。

---

① 矩阵的主对角线是指矩阵中行列相等的地方的所有元素。

定义 4-9（传递性）　设 R 为集合 X 上的关系,若对任意的 $x,y,z\in X$,当有 xRy,yRz 时,总有 xRz,那么称 R 是在 X 上传递的。属性定义为:

$$\forall x\forall y\forall z(x\in X\wedge y\in X\wedge z\in X\wedge xRy\wedge yRz\rightarrow xRz)$$

（传递性）关系图:若关系图 R 中的任意三个端点 x,y,z 之间存在单向的 $x\rightarrow y$ 和 $y\rightarrow z$ 且 $x\rightarrow z$,那么称这个关系是传递的。

现实中,基因的传递就是一个例子。由父辈基因通过杂合传递给子代,子代再通过基因杂合传给孙辈,显然父辈基因就会传递给孙辈。

【例 4-6】（验证自反和对称性）　已知集合 $A=\{1,3,5,7\}$,$R=\{\langle x,y\rangle\mid(x-y)\in\mathbf{Z}\}$,验证 R 在 A 上的自反和对称性。

解:显然对于任意 $x\in A$ 有 $(x-x)=0\in\mathbf{Z}$,所以满足自反性。对任意 $x,y\in A$,有 $(x-y)\in\mathbf{Z}$ 且 $(y-x)=-(x-y)\in\mathbf{Z}$,因而也满足对称性。

【例 4-7】（验证对称性和反对称性）　已知集合 $S=\{a,b,c\}$ 以及它上面的关系 $R=\{\langle a,a\rangle,\langle b,b\rangle,\langle c,c\rangle\}$,验证其对称性和反对称性。

解:显然在关系集合上有 $\forall x(x\in S\wedge xRx\rightarrow xRx)$,因此是对称的。由于是对称的,我们发现 $x=x$,因而也是反对称的。

【例 4-8】（根据图形判定其对称性和自反性）　判断下列两个关系的对称性和自反性。

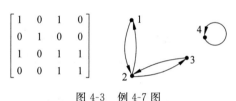

图 4-3　例 4-7 图

解:如图 4-3 所示,(1)左边矩阵,由于主对角线上全部是 1,显然是自反的;矩阵是关于主对角线对称的,因此是对称的。(2)右边关系图,除了端点 4 有环路,其余均没有,因而不是反自反的。但是除了端点 4,其余均有互相的指向,因而是对称的。

表 4-1 将关系性质的各种表示全都列举出来,表 4-2 列举了两关系运算中性质的延续性,其中打钩的请加以证明,打叉的希望读者举出反例。

表 4-1　关系性质的表示法

性质 表示	自反性	反自反性	对称性	反对称性	传递性
集合表达式	$I_A\subseteq R$	$R\cap I_A=\varnothing$	$R=R^{-1}$	$R\cap R^{-1}\subseteq I_A$	$R\circ R\subseteq R$
关系矩阵	主对角线元素全是 1	主对角线元素全是 0	矩阵是对称的	若 $r_{ij}=1,i\neq j$ 则 $r_{ji}=0$	对 M^2 中 1 所在的位置,M 中相应的位置全是 1
关系图	每个顶点都有一个环	每个顶点都没有环	如果两个顶点之间有边,则必是一对方向相反的边	每对顶点之间至多有一条边(不会有双向边)	如果 x_i 到 x_j 有边,x_j 到 x_k 也有边,则 x_i 到 x_k 也有边

表 4-2　关系性质运算的稳定性表

运算 ＼ 性质	自反性	反自反性	对称性	反对称性	传递性
R^{-1}	√	√	√	√	√
$R_1 \cap R_2$	√	√	√	√	√
$R_1 \cup R_2$	√	√	√	×	×
$R_1 - R_2$	×	√	√	√	×
$R_1 \circ R_2$	√	×	×	×	×

当我们研究两个端点之间可以通过关系直接连接,或者上一节内容中提到的像复合关系那样进行传递时,有一个问题就出现了。在数学中,如果一个集合成员上的运算生成这个集合的成员,那么,这个集合被称为在某个运算下闭合。例如,实数在减法下闭合,但自然数不行:自然数 3 和 7 的减法 $3-7$ 的结果不是自然数。下面介绍的闭包就是在某个运算下闭合(封闭)的集合。

定义 4-10(闭包)　设 R 是集合 X 上的二元关系,如果集合 X 上有另外的一个关系 R',满足:

(1) R' 也是自反的(对称的、传递的);

(2) $R \subseteq R'$;

(3) 对于任何的自反(对称、传递)的关系 R'',都有 $R \subseteq R'' \rightarrow R' \subseteq R''$。

就称关系 R' 是 R 的自反闭包(对称闭包、传递闭包),分别记作 $R' = r(R)$($R' = s(R)$, $R' = t(R)$)。

对于定义 4-10 的理解,我们认为对于关系 R 上的序偶的扩增可以得到 R',换句话说,对于闭包的理解可以认为:通过 R' 关系集合内的序偶元素,如果想从关系内任意城市 A 到达城市 B,都是可以成功的;由于 R 自身不满足任何城市 A 到达任何城市 B,所以需要我们对 R 扩展,使它成为可以满足任何 A,B 城市互通的关系集合 R',当然城市是包含在省 R'' 内的。

定理 4-2(关系的同时存在)　设 R 是集合 X 上的二元关系,那么存在:

(1) $rs(R) = sr(R)$　(2) $rt(R) = tr(R)$　(3) $st(R) \subseteq ts(R)$

证略。但是知道了这种闭包及其性质,我们还需要知道如何求得这样的闭包。显然如果原来的关系 R 本身就是自反的,那么它就满足自反闭包的,同样我们可以得到:

定理 4-3(自身的闭包性)　若知道 R 是集合 X 上的二元关系,那么:

(1) $r(R) = R$,当且仅当 R 是自反的;

(2) $s(R) = R$,当且仅当 R 是对称的;

(3) $t(R) = R$,当且仅当 R 是传递的。

这个定理很容易满足定义 4-10,也很容易证明,这给我们提供了一个确定闭包的方法。但是如果关系 R 并不满足上面定理 4-3,那么就需要找到如何扩充关系序偶得到闭包性。下面的几个定理就给出了具体的求解方法。

定理 4-4(关系扩展为闭包)　设 R 为 X 上的二元关系,那么:

(1) $r(R)=R\cup I_x$　　(2) $s(R)=R\cup R^{-1}$　　(3) $t(R)=R^+=\bigcup_i^\infty R^i=R\cup R^2\cup\cdots$

其中,(1)是将关系矩阵主对角线上全部补成 1,这样显然是自反的;(2)是不对称的补成与主对角线对称的;(3)是通过关系不断复合运算使其满足传递性。虽然传递运算对于利用计算机实现比较容易,但是手动推演还是比较复杂的,因为前两个可以直接通过简单填补就可以得到。在后面我们会给出具体实施方案。

【例 4-9】(计算闭包)　设 $A=\{1,2,3\}$,R 是 A 上的二元关系且 $R=\{\langle1,2\rangle,\langle2,3\rangle,\langle3,1\rangle\}$,求 $r(R),s(R),t(R)$。

解: 我们可以根据定理 4-4,知道自反和对称只要增加一些序列即可,因而:
$$r(R)=\{\langle1,2\rangle,\langle2,3\rangle,\langle3,1\rangle,\langle1,1\rangle,\langle2,2\rangle,\langle3,3\rangle\}$$
$$s(R)=\{\langle1,2\rangle,\langle2,3\rangle,\langle3,1\rangle,\langle2,1\rangle,\langle3,2\rangle,\langle1,3\rangle\}$$

要得到传递闭包,首先需要得到关系的关系矩阵 $\boldsymbol{M}_R$,那么
$$\boldsymbol{M}_R=\begin{bmatrix}0&1&0\\0&0&1\\1&0&0\end{bmatrix}$$

根据定理有:$t(R)=R\cup R^2\cup\cdots$,那么
$$\boldsymbol{M}_{R^2}=\boldsymbol{M}_R\circ\boldsymbol{M}_R=\begin{bmatrix}0&1&0\\0&0&1\\1&0&0\end{bmatrix}\circ\begin{bmatrix}0&1&0\\0&0&1\\1&0&0\end{bmatrix}=\begin{bmatrix}0&0&1\\1&0&0\\0&1&0\end{bmatrix}$$

即 $\boldsymbol{M}_{R^2}$ 对应关系:$R^2=\{\langle1,3\rangle,\langle2,1\rangle,\langle3,2\rangle\}$
$$\boldsymbol{M}_{R^3}=\boldsymbol{M}_{R^2}\circ\boldsymbol{M}_R=\begin{bmatrix}0&0&1\\1&0&0\\0&1&0\end{bmatrix}\circ\begin{bmatrix}0&1&0\\0&0&1\\1&0&0\end{bmatrix}=\begin{bmatrix}1&0&0\\0&1&0\\0&0&1\end{bmatrix}$$

即 $\boldsymbol{M}_{R^3}$ 对应关系:$R^3=\{\langle1,1\rangle,\langle2,2\rangle,\langle3,3\rangle\}$
$$\boldsymbol{M}_{R^4}=\boldsymbol{M}_{R^3}\circ\boldsymbol{M}_R=\begin{bmatrix}1&0&0\\0&1&0\\0&0&1\end{bmatrix}\circ\begin{bmatrix}0&1&0\\0&0&1\\1&0&0\end{bmatrix}=\begin{bmatrix}0&1&0\\0&0&1\\1&0&0\end{bmatrix}$$

即 $\boldsymbol{M}_{R^4}$ 对应关系:$R^4=R$

显然继续对 R 进行复合运算还会重复这个过程。根据定理可以得到:

$$\begin{aligned}t(R)&=R\cup R^2\cup R^3\cdots\\&=R\cup R^2\cup R^3\\&=\{\langle1,2\rangle,\langle2,3\rangle,\langle3,1\rangle,\langle1,3\rangle,\langle2,1\rangle,\langle3,2\rangle,\langle1,1\rangle,\langle2,2\rangle,\langle3,3\rangle\}\end{aligned}$$

对应的关系矩阵已经变成
$$\boldsymbol{M}_{R^+}=\boldsymbol{M}_R\cup\boldsymbol{M}_{R^2}\cup M_{R^3}=\begin{bmatrix}1&1&1\\1&1&1\\1&1&1\end{bmatrix}$$

上面给出的传递矩阵的算法比较烦琐,况且这还是在三阶阵上的算法,很容易出错,为了克服对于高等阶的关系矩阵的运算难题,沃夏尔于 1962 年提供了一种简便的运算方

式,它主要是为了运用在计算机中运算:

在介绍这个方法之前,首先需要了解下一个符号,$A:=M$,这个符号的意思是用 M 这个值覆盖掉 A 原先的值,在计算机编程中的赋值符号就是这个意思。

现在我们首先给出具体运算算法:

(1) $A:=M$(人工计算可以忽略,上机必须加上,防止 M 被覆盖);

(2) $i:=1$;

(3) 对所有的 j,如果 $A[j,i]=1$,那么对 $k=1,2,\cdots,n$ 依次有:
$$A[j,k]:=A[j,k] \vee A[i,k]$$

(4) $i:=i+1$;

(5) 重复(3)~(4)直到 $i>n$ 结束。

其中 $A[a,b]$,a 表示行,b 表示列,那么 $A[a,b]$ 表示矩阵 A 中 a 行 b 列所在的元素。

【例 4-10】 利用算法进行传递闭包的运算,已知

$$M_R = \begin{bmatrix} 0 & 1 & 0 & 0 \\ 1 & 0 & 1 & 0 \\ 0 & 0 & 0 & 1 \\ 0 & 0 & 0 & 0 \end{bmatrix}$$

求它的 $t(R)$。

解:将 M_R 赋值给 A,即 $A:=M_R$

$$A = \begin{bmatrix} 0 & 1_{1,2} & 0 & 0 \\ 1_{2,1} & 0 & 1_{2,3} & 0 \\ 0 & 0 & 0 & 1_{3,4} \\ 0 & 0 & 0 & 0 \end{bmatrix}$$

当 $i=1$ 行时,找对应的 $i=1$ 列,可以看到第一列只有 $A[2,1]=1$,那么可以得到 $A[2,k]=A[2,k] \vee A[1,k]$,其中 $k=1,2,3,4$,那么可以得到:

$A[2,1]=A[2,1] \vee A[1,1]=1 \vee 0=1$;$A[2,2]=A[2,2] \vee A[1,2]=0 \vee 1=1$

$A[2,3]=A[2,3] \vee A[1,3]=1 \vee 0=1$;$A[2,4]=A[2,4] \vee A[1,4]=0 \vee 0=0$

$$A = \begin{bmatrix} 0 & 1_{1,2} & 0 & 0 \\ 1_{2,1} & 1_{2,2} & 1_{2,3} & 0 \\ 0 & 0 & 0 & 1_{3,4} \\ 0 & 0 & 0 & 0 \end{bmatrix}$$

当 $i=2$ 行时,找对应的 $i=2$ 列,可以看到第二列只有 $A[1,2]=A[2,2]=1$,那么可以得到 $A[1,k]=A[1,k] \vee A[2,k]$;$A[2,k]=A[2,k] \vee A[2,k]$,其中 $k=1,2,3,4$,那么可以得到:

$A[1,1]=A[1,1] \vee A[2,1]=0 \vee 1=1$;$A[1,2]=A[1,2] \vee A[2,2]=1 \vee 1=1$

$A[1,3]=A[1,3] \vee A[2,3]=0 \vee 1=1$;$A[1,4]=A[1,4] \vee A[2,4]=0 \vee 0=0$

$A[2,1]=A[2,1] \vee A[2,1]=1 \vee 1=1$;$A[2,2]=A[2,2] \vee A[2,2]=1 \vee 1=1$

$A[2,3]=A[2,3] \vee A[2,3]=1 \vee 1=1$;$A[2,4]=A[2,4] \vee A[2,4]=0 \vee 0=0$

$$A = \begin{bmatrix} 1_{1,1} & 1_{1,2} & 1_{1,3} & 0 \\ 1_{2,1} & 1_{2,2} & 1_{2,3} & 0 \\ 0 & 0 & 0 & 1_{3,4} \\ 0 & 0 & 0 & 0 \end{bmatrix}$$

当 $i=3$ 行时,找对应的 $i=3$ 列,可以看到第三列只有 $A[1,3]=A[2,3]=1$,那么可以得到 $A[1,k]=A[1,k] \vee A[3,k]$;$A[2,k]=A[2,k] \vee A[3,k]$,其中 $k=1,2,3,4$,那么可以得到:

$A[1,1]=A[1,1] \vee A[3,1]=1 \vee 0=1$;$A[1,2]=A[1,2] \vee A[3,2]=1 \vee 0=1$

$A[1,3]=A[1,3] \vee A[3,3]=1 \vee 0=1$;$A[1,4]=A[1,4] \vee A[3,4]=0 \vee 1=1$

$A[2,1]=A[2,1] \vee A[3,1]=1 \vee 0=1$;$A[2,2]=A[2,2] \vee A[3,2]=1 \vee 0=1$

$A[2,3]=A[2,3] \vee A[3,3]=1 \vee 0=1$;$A[2,4]=A[2,4] \vee A[3,4]=0 \vee 1=1$

$$A = \begin{bmatrix} 1_{1,1} & 1_{1,2} & 1_{1,3} & 1_{1,4} \\ 1_{2,1} & 1_{2,2} & 1_{2,3} & 1_{2,4} \\ 0 & 0 & 0 & 1_{3,4} \\ 0 & 0 & 0 & 0 \end{bmatrix}$$

当 $i=4$ 行时,找对应的 $i=4$ 列,可以看到第四列有 3 个 1,那么可以得到 $A[3,k]=A[3,k] \vee A[4,k]$,其中 $k=1,2,3,4$,那么可以得到:

$A[3,1]=A[3,1] \vee A[4,1]=0 \vee 0=0$;$A[3,2]=A[3,2] \vee A[4,2]=0 \vee 0=0$

$A[3,3]=A[3,3] \vee A[4,3]=0 \vee 0=0$;$A[3,4]=A[3,4] \vee A[4,4]=1 \vee 0=1$

$$A = \begin{bmatrix} 1_{1,1} & 1_{1,2} & 1_{1,3} & 1_{1,4} \\ 1_{2,1} & 1_{2,2} & 1_{2,3} & 1_{2,4} \\ 0 & 0 & 0 & 1_{3,4} \\ 0 & 0 & 0 & 0 \end{bmatrix}$$

因而最后得到的 $M_{R^+} := A$,即

$$M_{R^+} = \begin{bmatrix} 1 & 1 & 1 & 1 \\ 1 & 1 & 1 & 1 \\ 0 & 0 & 0 & 1 \\ 0 & 0 & 0 & 0 \end{bmatrix} \Leftrightarrow t(R)$$

$$= \{\langle 1,1 \rangle, \langle 1,2 \rangle, \langle 1,3 \rangle, \langle 1,4 \rangle, \langle 2,1 \rangle, \langle 2,2 \rangle, \langle 2,3 \rangle, \langle 2,4 \rangle, \langle 3,4 \rangle\}$$

4.3 关系的等价

关系作为一个集合上的特殊集合,反过来描述了集合中元素之间关系。如果一个由全部相似的三角形组成的集合,显然这个集合中的三角形均是相似的,或者说这个关系集合里面的所有元素是等价的,因为通过关系内任何一个三角形都能和集合中其他三角形相似,我们把这类关系称为**等价关系**。

定义 4-11(等价关系) 设关系 R 是集合 X 上的一个关系,如果 R 是同时自反的、对

称的和传递的,那么称 R 为一个等价关系。

注意这个关系是对集合内所有元素的一个等价关系,并不是对外的,或者我们把这个集合称之为一个系统,在这个系统内这个关系是等价的。我们举例来说明:

【例 4-11】 设 Z 为整数集,$R=\{\langle x,y\rangle\,|\,x\equiv y(\bmod k)\}$[①],证明 R 是等价关系。

分析:证明等价关系,那么从自反、对称和传递三个方面依次证明,由题目知道若 $x\equiv y$ 时,必然有 $x-y$ 是一个 k 的整数倍的结果。

证:那么我们首先假设取任意的 $a,b,c\in\mathbf{Z}$

(1) 自反性 $a-a=0$ 显然结果 $0=k\cdot 0$,所以是满足的,因而 R 是自反的。

(2) 对称性 $a-b=k\cdot t$(t 为整数),必然有 $b-a=-kt$,则 R 也是对称的。

(3) 传递性 若 $a\equiv b(\bmod k),b\equiv c(\bmod k)$,则有 $a-b=ks,b-c=kt,(t,s\in\mathbf{Z})$,那么 $a-c=(ks+b)-(b-kt)=ks+kt=k(s+t)$ 仍然是个整数,因而也存在 $a\equiv c(\bmod k)$,所以也满足传递性。

所以 R 是等价关系。

定义 4-12(等价类形成) 设 R 是集合 X 上的等价关系,那么对于任意 $a\in X$,集合 $[a]_R=\{x\,|\,x\in X\wedge aRx\}$ 称为由 a 形成的 R 的等价类。

从这个定义来看,等价类实际上是关系 X 的一个子集,只是在形成等价类时,这里的 $[a]_R$ 只选定了 R 中与 a 等价的所有元素。我们举例来说明:

【例 4-12】(等价类) 设 $\mathbf{Z}$ 为整数集,$R=\{\langle x,y\rangle\,|\,x\equiv y(\bmod 2)\}$,确定由 R 产生的等价类。

解:显然由例 4-10 可以知道这个关系 R 是一个等价关系,根据定义 4-12,可以得到:

$$[0]_R=\{x\,|\,x\in X\wedge 0Rx\}=\{x\,|\,x\in\mathbf{Z},0\equiv x(\bmod 2)\}=\{x\,|\,x=\cdots,-4,-2,0,2,4,6,\cdots\}$$
$$[1]_R=\{x\,|\,x\in X\wedge 1Rx\}=\{x\,|\,x\in\mathbf{Z},1\equiv x(\bmod 2)\}=\{x\,|\,x=\cdots,-5,-3,-1,1,3,5,\cdots\}$$
$$[2]_R=\{x\,|\,x\in X\wedge 2Rx\}=\{x\,|\,x\in\mathbf{Z},2\equiv x(\bmod 2)\}=\{x\,|\,x=\cdots,-4,-2,0,2,4,\cdots\}$$

显然我们发现 $[2]_R=[0]_R$,这是取模或者取余的一个特性,所以我们可以得到等价类

$$[0]_R=[2]_R=[4]_R=\cdots$$
$$[1]_R=[3]_R=[5]_R=\cdots$$

其中特别需要注意的是 $0 \bmod 2=0$ 或 2,这是因为 $0-2=2\cdot(-1)$
另外 $2-2=2\cdot 0$,所以才存在 $[0]_R=[2]_R$。

定理 4-5(等价类上的扩展) 当 R 为集合 X 上的等价关系,那么对于 $a,b\in X$ 有 $[a]_R=[b]_R$ 当且仅当有 aRb。

证明也很简单,由于 R 是等价关系,所以必然会有 $bRa\wedge aRb$,显然能得到
$$[a]_R=[b]_R$$

在等价类的基础上,离散数学中又定义了商集的概念,商集的概念是为了理清楚等价类与等价主体关系之间的关系,或者说是对关系集合的一种划分。因为根据等价类的定

---

① mod:Modulo 取余数,略微不同于计算机中的符号为 $m\%n$,例如 $2 \bmod 2=0$;$3 \bmod 4=3$;$1 \bmod 3=1$;$4 \bmod 3=1$;其中 $x\equiv y(\bmod k)$ 是指 $y \bmod k$ 的结果恒等于 x。

义,它实际上确定了关系序偶的第一元素,商集在计算机索引中有着很重要的实际运用,如同我们平时查的字典一样将同样的笔画数的字先放在一起便于查找。

定义 4-13（商集） 设 R 是集合 X 上的等价关系,那么,它的等价类组成的集合 $\{[a]_R \mid a \in X\}$ 称为 X 关于关系 R 的商集,记作 X/R。

定义 4-14 设 X 为非空集合,若 X 的子集族 π（$\pi \subseteq P(X)$ 是由 X 的一些子集形成的集合）满足下列条件:

（1） $\forall x \forall y (x, y \in \pi \wedge x \neq y \rightarrow x \cap y = \varnothing)$

（2） $\bigcup\limits_{x \in \pi} x = X$

则称 π 是 X 的一个**划分**,而称 π 中的元素为 X 的**划分块或类**。

定理 4-6（等价关系决定一个划分） 集合 X 上的等价关系 R,**决定**了 X 上的一个划分,该划分就是 X/R。

这个定理可以很容易由例 4-11 得出,下面它还有一个应用。

定理 4-7（一个划分确定一个等价关系） 集合 X 的一个划分**确定**集合元素间的一个等价关系。

这个也是很容易验证的,无论集合怎么划分,它始终是这个集合的一部分,而且全部组合后仍然是这个集合,因而一个划分和原来的集合是等价关系。

【例 4-13】 已知集合 $X = \{1, 2, 3, 4, 5\}$ 的一个划分 $X_1 = \{\{1, 2\}, \{3\}, \{4, 5\}\}$ 试由这个划分确定 X 上的一个等价关系。

解: 确定等价关系,我们通常使用笛卡儿积的方式生成序列,然后再将它们进行集合的并操作。

$$R_1 = \{1, 2\} \times \{1, 2\} = \{\langle 1, 1 \rangle, \langle 1, 2 \rangle, \langle 2, 1 \rangle, \langle 2, 2 \rangle\}$$
$$R_2 = \{3\} \times \{3\} = \{\langle 3, 3 \rangle\}$$
$$R_3 = \{4, 5\} \times \{4, 5\} = \{\langle 4, 4 \rangle, \langle 4, 5 \rangle, \langle 5, 4 \rangle, \langle 5, 5 \rangle\}$$

那么可以得到由这个划分直接得到的一个等价关系:

$$R = R_1 \cup R_2 \cup R_3 = \{\langle 1, 1 \rangle, \langle 1, 2 \rangle, \langle 2, 1 \rangle, \langle 2, 2 \rangle, \langle 3, 3 \rangle, \langle 4, 4 \rangle, \langle 4, 5 \rangle, \langle 5, 4 \rangle, \langle 5, 5 \rangle\}$$

设 $A = \{1, 2, 3\}$,则 A 上可以确定多少种不同等价关系?确定 A 有多少种划分,请画在下图中。

4.4 序 关 系

在前面几节的介绍中我们考虑了有序序偶产生的各种关系,通常如果是对称的,我们可以在关系图中的两个连接点之间往返,有时我们需要考虑另外一类关系,就是先后顺序,例如银行的排队优先问题,或者现实中的单向车道通行问题,其中应用在计算机上的就是队列问题和系统调度问题,它们都涉及不对称序列问题,我们把这类问题称之为偏序问题或单向问题,这个名字是由全序问题或全向问题相对得到。

定义 4-15(偏序关系) 设 R 是集合 A 上的关系,如果 R 满足自反、反对称、传递的性质,则称 R 是 A 上的偏序关系,偏序符号记作 $\leqslant$,记作 $\langle A, \leqslant \rangle$。

偏序有时候称之为单向序列,有时为了便于理解这个数学概念,把定义中的反对称性直接理解为不对称的。下面举例来说:

【例 4-14】(偏序) 给定集合 $\{2,3,6,8\}$,令 $R = \{\langle x,y \rangle \mid x$ 整除 $y\}$,验证关系 R 是偏序的。

解:首先自反性很容易满足,因为 x 必定能整除 x,即 $\langle 2,2 \rangle$、$\langle 3,3 \rangle$、$\langle 6,6 \rangle$、$\langle 8,8 \rangle$ 存在于 R 中。验证传递性,由 $\langle 2,6 \rangle$、$\langle 2,8 \rangle$、$\langle 3,6 \rangle$ 是满足整除的属性的,显然也是满足传递性的。当然也容易从关系矩阵得到它是不对称的,所以原来的关系集是偏序的。

定义 4-16(偏序直接盖住) 在 $\langle A, \leqslant \rangle$ 中,如果 $x,y \in X$,$x \leqslant y$,$x \neq y$ 且**没有**其他的元素能够使得 $x \leqslant z$,$z \leqslant y$ 成立,那么称 x 被 y 盖住或 x 有序紧邻 y,记作 $\mathrm{Cov}A$。

其中有关直接盖住相关的就是偏序中的哈斯图,哈斯图是用来表示可以盖住集合的关系图形,通常它由下面三个步骤来完成,具体方法会在例 4-14 中体现。

(1) 用黑点或者圆圈表示元素;

(2) 如果 $x \leqslant y \land x \neq y$,那么在 x 的元素上面画出 y 点;

(3) 如果 $\langle x,y \rangle \in \mathrm{Cov}X$,那么在 x,y 之间用直线连接。

定义 4-17(偏序的可比性) 在 $\langle X, \leqslant \rangle$ 中若有 $a \leqslant b$ 或 $b \leqslant a$,那么称 a,b 可比,否则称之为不可比。

定义 4-18(链) 若 $\langle X, \leqslant \rangle$ 是一个偏序集合,在 X 的一个子集中,每两个元素都是有关系的,那么称这个子集为链。相反如果每两个元素都没有关系的子集称为反链。

举例来说,学校里的所有教职工之间,有些是有上下级关系的,而有些则是没有上下级关系的,如果把所有有上下级关系的组成一个链,那么剩下的就是没有领导关系的平级关系,因而这就是一个反链。在具体的哈斯图中表现的就是两个点之间没有直接的连线,或者没有先后的顺序。

【例 4-15】 写出已知关系 R 集合 $X = \{1,2,3,4,5\}$ 上的偏序关系及链,其中

$$R = \{\langle 1,1 \rangle, \langle 1,2 \rangle, \langle 1,3 \rangle, \langle 1,4 \rangle, \langle 1,5 \rangle, \langle 2,2 \rangle, \langle 2,3 \rangle, \langle 2,5 \rangle,$$
$$\langle 3,3 \rangle, \langle 3,5 \rangle, \langle 4,4 \rangle, \langle 4,5 \rangle, \langle 5,5 \rangle\}$$

解:由其关系矩阵

$$M_R = \begin{bmatrix} 1 & 1 & 1 & 1 & 1 \\ 0 & 1 & 1 & 0 & 1 \\ 0 & 0 & 1 & 0 & 1 \\ 0 & 0 & 0 & 1 & 1 \\ 0 & 0 & 0 & 0 & 1 \end{bmatrix}$$

可以看到它不是对称的,而且是自反的,由于从通路 1 到任意一个端点都有路径,显然也是传递的,显然关系 R 是一个偏序关系。

为了得到链,我们首先得到关系的控制集,那么 $\mathrm{Cov}X$,显然先从 1 开始找起,那么有 $\mathrm{Cov}X=\{\langle 1,2\rangle,\langle 2,3\rangle,\langle 3,5\rangle,\langle 1,4\rangle,\langle 4,5\rangle\}$,由这个盖住集,我们可以得到如图 4-4 所示的哈斯图像。

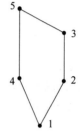

图 4-4 例 4-14 的哈斯图

显然关系中可以得到一个明显的链 $\{1,2,3,5\}$,$\{1,2,3\}$,$\{2,3\}$,$\{1\}$,$\{1,4,5\}$,其中没有关系的反链,也就是没有直接连接的有 $\{2,4\}$,$\{3,4\}$,$\{5\}$。

定义 4-19(全序集) 若在 $\langle X,\leqslant\rangle$ 中,每对元素都是可比的,或者是一个链,那么称 X 为全序集或者线序集,且偏序关系符号 $\leqslant$ 称之为全序或线序。

对于全序集的直观上的理解就是图形中每一个元素之间都有连接在一条线上的。

定义 4-20(最大元,最小元) 给定偏序集 $\langle X,\leqslant\rangle$,且给定 $Y\subseteq X$,若 $y\in Y$,对于每一个 $x\in Y$ 有 $x\leqslant y$,那么称 y 为 $\langle Y,\leqslant\rangle$ 的**最大元**。同样若有某个元素 $y\in Y$,对于每一个 $x\in Y$ 有 $y\leqslant x$,那么称 y 为 $\langle Y,\leqslant\rangle$ 的**最小元**。若 $y\in Y$,不存在 $x\in Y$ 有 $x\leqslant y$,那么称 y 为 $\langle Y,\leqslant\rangle$ 的**极小元**。同样若有某个元素 $y\in Y$,不存在 $x\in Y$ 有 $y\leqslant x$,那么称 y 为 $\langle Y,\leqslant\rangle$ 的**极大元**。

一旦最大最小元确定,那么这个最大最小元是唯一的,根据偏序关系的哈斯图很容易确定最大元与最小元。极大元、极小元不唯一,在最大元最小元的基础上我们又规定了上下界的概念。

另外对于最小元和最大元的理解,需要注意最大最小元是在同一的子集集合中呈现出来的,比如最小元是在同一个集合中比较,最小元可以理解为偏序序列的最开始的那个元素,最大元可以理解为偏序序列的最后一个元素。

定义 4-21(上下界) 设 $\langle X,\leqslant\rangle$ 为一偏序集,对于 $Y\subseteq X$,若有 $x\in X$ 使得对 Y 的任意元素 y 都满足 $y\leqslant x$,那么称 x 是 Y 的**上界**,若该值是所有满足的 x 最小的,那么称 x 为**最小上界或上确界**;同样若对 Y 的任意元素 y 都满足 $x\leqslant y$,那么称 x 是 Y 的**下界**;若该值是所有满足的 x 最大的,那么称 x 为**最大下界或下确界**。

对于偏序的上下界的确定:对于子集 Y,它里面的所有元素都是在其父集中某一个元素 x 的前序序列,那么这个元素就是上界。特别需要注意的是满足上界条件的有很多个,其中最小的那个称为最小上确界,最大下界称为下确界。

定义 4-22(良序集) 对于 $\langle X,\leqslant\rangle$,如果 $\leqslant$ 是全序,并且 X 的每个非空子集都有一个最小元素,就称它为良序集。

作为良序集,它必定是一个全序集;或者说良序集中不存在混乱的关系,这个序列是优良的;或者说每一个元素都有它的上下级关系。

【例 4-16】 集合 $A=\{2,3,6,12,24,36\}$ 上偏序关系 R 的哈斯图如图 4-5 所示,集合 $B=\{2,3,6,12\}$,则 B 的最大元 12,最小元不存在,极大元 12,极小元 2,3,上界 12,24,36,上确界 12,下界无。

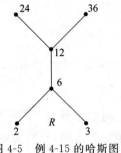

图 4-5 例 4-15 的哈斯图

4.5 函 数

函数是数学中一个重要而基本的概念,在高等数学中,函数是在实数集合上进行讨论的,本节把函数的概念予以推广,把它看作是一种特殊的二元关系。

定义 4-23 设 X,Y 为集合,f 是从 X 到 Y 的关系,如果任 $x\in X$,都存在唯一 $y\in Y$ 使得 $\langle x,y\rangle\in f$,则称 f 是从 X 到 Y 的**函数**,(**变换**、**映射**),记作 $f:X\to Y$,或:$X\xrightarrow{f}Y$。

如果 $X=Y$,也称 f 为 X 上的函数。

定义域 $\mathrm{dom}(f)=X$,值域 $\mathrm{ran}(f)=\{y|\ \forall x\in X,\langle x,y\rangle\in f\}$。

【例 4-17】 下图给出 $A=\{1,2,3\}$ 上的 4 个关系,哪些是 A 到 A 的函数?

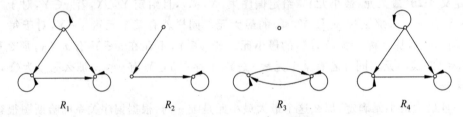

解:R_1 不是函数,R_2 是函数,R_3 不是函数,R_4 不是函数。

【例 4-18】 下面是实数集合上的几个关系,哪些是 R 到 R 的函数?

(1) $f=\{\langle x,y\rangle|x,y\in R \wedge y=\dfrac{1}{x}\}$

(2) $g=\{\langle x,y\rangle|x,y\in R \wedge x^2+y^2=4\}$

(3) $h=\{\langle x,y\rangle|x,y\in R \wedge y=x^2\}$

(4) $h=\{\langle x,y\rangle|x,y\in R \wedge y=\lg x\}$

(5) $h=\{\langle x,y\rangle|x,y\in R \wedge y=\sqrt{x}\}$

可见这里所说的函数与以前的数学中函数是有区别。由函数的定义可知,从 A 到 B 的函数 f 与从 A 到 B 的二元关系有如下区别:

(1) 函数的定义域是整个集合 A,而不是 A 真子集;

(2) 一个 $x\in A$ 只能对应于 B 中的一个元素 y,不能与 B 中的多个元素与之对应。

解:(1) 不是

(2) 不是

(3) 是

(4) 不是

(5) 不是

【例 4-19】 设 $A=\{1,2,3,4,5\}$，$B=\{6,7,8,9,10\}$，分别确定下列各式中的 f 是否为由 A 到 B 的函数。

(1) $f=\{(1,8),(3,9),(4,10),(2,6),(5,9)\}$

(2) $f=\{(1,9),(3,10),(2,6),(4,9)\}$

(3) $f=\{(1,7),(2,6),(4,5),(1,9),(5,10),(3,9)\}$

显然(1)是函数，(2)，(3)都不是函数。

定义 4-24 从 X 到 Y 函数的集合 $Y^X=\{f\mid f:X\to Y\}$，Y^X 是由所有的从 X 到 Y 函数构成的集合。

下面看一个例子：$X=\{1,2,3\}$，$Y=\{a,b\}$，所有的从 X 到 Y 函数如下：

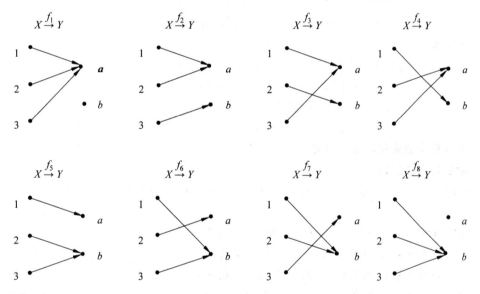

$Y^X=\{f_1,f_2,f_3,f_4,f_5,f_6,f_7,f_8\}$

如果 X 和 Y 是有限集合，$|X|=m$，$|Y|=n$，因为 X 中的每个元素对应的函数值都有 n 种选择，于是可构成 n^m 个不同的函数，因此 $|Y^X|=|Y|^{|X|}=n^m$，可见符号 Y^X 有双重含义。

定义 4-25 设 f 是从 X 到 Y 的函数：

(1) 若 $f(X)=Y$，那么称为**满射**，即 $\forall y\in Y$，$\exists x\in X$，使 $f(x)=y$；

(2) 若 $\forall x_1,x_2\in X$，$x_1\neq x_2\Rightarrow f(x_1)\neq f(x_2)$，(即若 $f(x_1)=f(x_2)\Rightarrow x_1=x_2$)，那么称 f 是**入射**（或**单射**）；

(3) 若 f 既是满射，又是入射，则称 f 是双射或称**一一映射**。

【例 4-20】 (1) 如果 $f:X\to X$ 是入射的函数，则必是满射的，所以 f 也是双射的。此命题成立吗？

答案是：不一定。例如 $f:\mathbf{N}\to\mathbf{N}$，$f(n)=2n$，$f$ 是入射的，但不是满射的函数。只有当 X 是有限集合时，上述命题才成立。

(2) 设集合 A 有 n 个元素，则 A 到 A 可能有多少个不同的双射函数？

答案是 $n!$。

由于函数就是关系，所以也可以进行复合运算。下面先回顾关系的复合。

设是 R 从 X 到 Y 的关系，S 是从 Y 到 Z 的关系，则 R 和 S 的复合关系记作 $R \circ S$。定义为：$R \circ S = \{\langle x,z \rangle \mid x \in X \wedge z \in Z \wedge \exists y(y \in Y \wedge \langle x,y \rangle \in R \wedge \langle y,z \rangle \in S)\}$

定义 4-26 $f: X \rightarrow Y, g: Y \rightarrow Z$ 是函数，则定义 $g \circ f = \{\langle x,z \rangle \mid x \in X \wedge z \in Z \wedge \exists y(y \in Y \wedge \langle x,y \rangle \in g \wedge \langle y,z \rangle \in f)\}$，则称 $g \circ f$ 为 f 与 g 的**复合函数**。

注意：这里把 g 写在 f 的左边了，所以叫左复合。

$g \circ f: X \rightarrow Z$，即 $g \circ f$ 是 X 到 Z 的函数。这样写是为了照顾数学习惯：

$g \circ f(x) = g(f(x))$

复合函数的计算方法同复合关系的计算一样。

【例 4-21】 令 f 和 g 都是实数集合 **R** 上的函数，如下：

$$f = \{\langle x,y \rangle \mid x,y \in \mathbf{R} \wedge y = 3x+1\}$$
$$g = \{\langle x,y \rangle \mid x,y \in \mathbf{R} \wedge y = x^2+x\}$$

分别求 $g \circ f$、$f \circ g$、$f \circ f$、$g \circ g$。

$$g \circ f(x) = g(f(x)) = (3x+1)^2 + (3x+1) = 9x^2 + 9x + 2$$
$$f \circ g(x) = f(g(x)) = 3(x^2+x) + 1 = 3x^2 + 3x + 1$$
$$f \circ f(x) = f(f(x)) = 3(3x+1) + 1 = 9x + 4$$
$$g \circ g(x) = g(g(x)) = (x^2+x)^2 + (x^2+x) = x^4 + 2x^3 + 2x^2 + x$$

可见复合运算不满足交换性。

函数复合的性质

定理 4-8 满足可结合性。$f: X \rightarrow Y, g: Y \rightarrow Z, h: Z \rightarrow W$ 是函数，则 $(h \circ g) \circ f = h \circ (g \circ f)$。

定理 4-9 $f: X \rightarrow Y, g: Y \rightarrow Z$ 是两个函数，则：

(1) 如果 f 和 g 是满射的，则 $g \circ f$ 也是满射的；

(2) 如果 f 和 g 是入射的，则 $g \circ f$ 也是入射的；

(3) 如果 f 和 g 是双射的，则 $g \circ f$ 也是双射的。

证明：(1) 设 f 和 g 是满射的，因 $g \circ f: X \rightarrow Z$，任取 $z \in Z$，因 $g: Y \rightarrow Z$ 是满射的，所以存在 $y \in Y$，使得 $z = g(y)$，又因 $f: X \rightarrow Y$ 是满射的，所以存在 $x \in X$，使得 $y = f(x)$，于是有 $z = g(y) = g(f(x)) = g \circ f(x)$，所以 $g \circ f$ 是满射的。

(2) 设 f 和 g 是入射的，因 $g \circ f: X \rightarrow Z$ 任取 $x_1, x_2 \in X, x_1 \neq x_2$ 因 $f: X \rightarrow Y$ 是入射的，$f(x_1) \neq f(x_2)$，而 $f(x_1), f(x_2) \in Y$，因 $g: Y \rightarrow Z$ 是入射的，$g(f(x_1)) \neq g(f(x_2))$ 即 $g \circ f(x_1) \neq g \circ f(x_2)$ 所以 $g \circ f$ 也是入射的。

(3) 由 (1)(2) 可得此结论。

定理 4-10：

(1) 如果 $g \circ f$ 是满射的，则 g 是满射的；

(2) 如果 $g \circ f$ 是入射的，则 f 是入射的；

(3) 如果 $g \circ f$ 是双射的，则 f 是入射的和 g 是满射的。

证明：(1) $f: X \rightarrow Y, g: Y \rightarrow Z$，因为 $g \circ f$ 是满射，所示 $\forall z \in Z, \exists x$，有 $g(f(x)) = z$，

又因 f 是一个函数,对此 x,$\exists y$,有 $y=f(x)$,即 $\forall z\in Z$,$\exists y\in Y$,有 $g(y)=z$,所以 g 是满射。

(2)(3)省略。

定义 4-27 设 f: $X\to Y$ 是双射的函数,f^c: $Y\to X$ 也是函数,称之为 f 的逆函数,并用 f^{-1} 代替 f^c。f^{-1} 存在,也称 f 可逆。

显然,f^{-1} 也是双射的函数。

逆函数的性质

(1) 若 f 为双射,则 $(f^{-1})^{-1}=f$。

证明:因为 $(f^{-1})\circ f=I_X$,$f\circ(f^{-1})=I_X$,所以 $(f^{-1})^{-1}=f$。

(2) $(g\circ f)^{-1}=f^{-1}\circ g^{-1}$。

证明:设 f: $X\to Y$,g: $Y\to Z$,则 $g\circ f$: $X\to Z$。因为 $(g\circ f)\circ f^{-1}\circ g^{-1}=g\circ I\circ g^{-1}=g\circ g^{-1}=I_Z$,$f^{-1}\circ g^{-1}\circ(g\circ f)=f^{-1}\circ I_y\circ f=f^{-1}\circ f=I_x$,所以 $(g\circ f)^{-1}=f^{-1}\circ g^{-1}$。

4.6 习　　题

4-1 判断题。

1. 二元关系本质上是有序对的集合。(　　　)

2. 若 R 和 S 是从集合 A 到集合 B 的两个关系,则 R 与 S 的交、并、补、相对差仍是 A 到 B 的关系。(　　　)

3. 可能有某种关系,既是自反的,也是反自反的。(　　　)

4. 若集合 A 上的关系 R 是对称的,则 R^{-1} 也是对称的。(　　　)

5. "三角形的相似"是等价关系。(　　　)

6. 设 α,β 是集合 A 上的等价关系,则 $\alpha\oplus\beta$ 一定是等价关系。(　　　)

7. 设 α,β 是集合 A 上的等价关系,则 $\alpha\bigcup\beta$ 一定是等价关系。(　　　)

8. 一种划分对应一个等价关系。(　　　)

9. 一个划分块对应一个商集。(　　　)

10. 4 个元素的集合 A 上可以确定 14 种不同的等价关系。(　　　)

11. "小于"是偏序关系。(　　　)

12. 3 个元素的集合 A 上可以确定 13 种偏序关系。(　　　)

13. 整数集合上的不等关系 $(\neq)$ 可确定 A 的一个划分。(　　　)

14. 集合 A 上的恒等关系是一个双射函数。(　　　)

15. 设 $f=\{\langle x,|x|\rangle\,|\,x\in\mathbf{R}\}$,则 f 不是函数。(　　　)

16. 设 f: $\mathbf{N}\to\mathbf{N}$,$f(n)=n\bmod 3$,则 f 是双射。(　　　)

4-2 单选题。

1. 设 $S\subseteq A\times B$,下列各式中(　　　)是正确的。

　　A. dom $S\subseteq B$　　　　　　　　　　B. dom $S\subseteq A$

　　C. ran $S\subseteq A$　　　　　　　　　　D. dom $S\bigcup$ ran $S=S$

2. 设 $A=\{1,2,3,4,5\}$, A 二元关系 $R=\{\langle 1,2\rangle,\langle 3,4\rangle,\langle 2,2\rangle\}$, $S=\{\langle 2,4\rangle,\langle 3,1\rangle,\langle 4,2\rangle\}$, 则 $R^{-1}\circ S^{-1}$ 的运算结果是(　　)。

  A. $\{\langle 4,1\rangle,\langle 2,3\rangle,\langle 4,2\rangle\}$ B. $\{\langle 2,4\rangle,\langle 2,3\rangle,\langle 4,2\rangle\}$

  C. $\{\langle 4,1\rangle,\langle 2,3\rangle,\langle 2,4\rangle\}$ D. $\{\langle 2,3\rangle,\langle 2,4\rangle\}$

3. 设 R,S 是集合 P 上的关系, P 是所有人, $R=\{\langle x,y\rangle\mid x,y\in P\wedge x$ 是 y 的父亲$\}$, $S=\{\langle x,y\rangle\mid x,y\in P\wedge x$ 是 y 的母亲$\}$, 则 $S^{-1}\circ R$ 表示关系(　　)。

  A. $\{\langle x,y\rangle\mid x,y\in P\wedge x$ 是 y 的父亲孙子或孙女$\}$

  B. $\{\langle x,y\rangle\mid x,y\in P\wedge x$ 是 y 的丈夫$\}$

  C. $\varnothing$

  D. $\{\langle x,y\rangle\mid x,y\in P\wedge x$ 是 y 的祖父或祖母$\}$

4. 设 $A=\{a,b,c\}$, A 上二元关系 $R=\{\langle a,a\rangle,\langle b,b\rangle,\langle a,c\rangle\}$, 则关系 R 的对称闭包 $s(R)$ 是(　　)。

  A. $R\cup I_A$ B. R C. $R\cup\{\langle c,a\rangle\}$ D. $R\cap I_A$

5. 集合 $A=\{1,2,3,4,5,6,7,8\}$ 上的关系 $R=\{\langle x,y\rangle\mid x+y=13\wedge x,y\in A\}$, 则 R 的性质为(　　)。

  A. 自反的   B. 对称的

  C. 传递且对称的   D. 反自反且传递的

6. 设 $A=\{1,2\}$, R 是 A 上的关系, 且 xRy。如果 $R=I_A$, 则(　　)。

  A. x,y 可任意选择 1 或 2   B. $x=1,y=1$

  C. $x=y=1,x=y=2$ D. $x=2,y=1$

7. 下列关系矩阵所对应的关系具有反对称性的是(　　)。

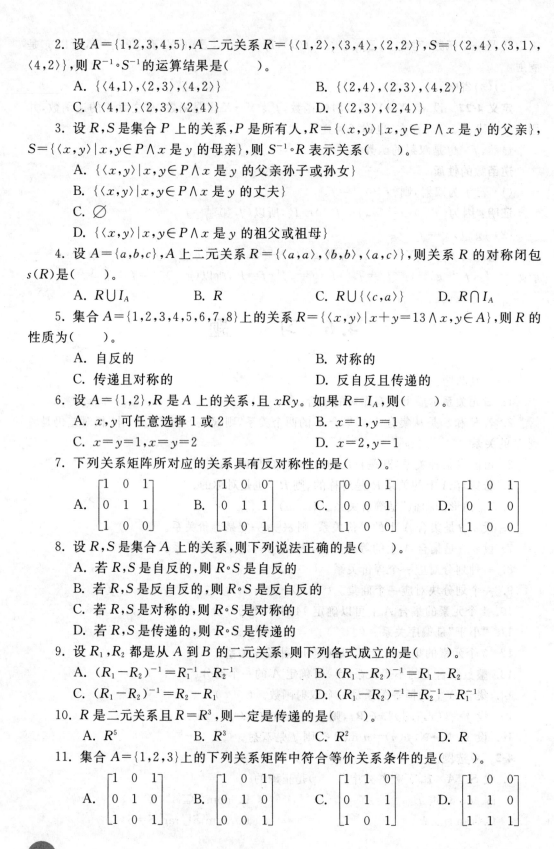

8. 设 R,S 是集合 A 上的关系, 则下列说法正确的是(　　)。

  A. 若 R,S 是自反的, 则 $R\circ S$ 是自反的

  B. 若 R,S 是反自反的, 则 $R\circ S$ 是反自反的

  C. 若 R,S 是对称的, 则 $R\circ S$ 是对称的

  D. 若 R,S 是传递的, 则 $R\circ S$ 是传递的

9. 设 R_1,R_2 都是从 A 到 B 的二元关系, 则下列各式成立的是(　　)。

  A. $(R_1-R_2)^{-1}=R_1^{-1}-R_2^{-1}$ B. $(R_1-R_2)^{-1}=R_1-R_2$

  C. $(R_1-R_2)^{-1}=R_2-R_1$ D. $(R_1-R_2)^{-1}=R_2^{-1}-R_1^{-1}$

10. R 是二元关系且 $R=R^3$, 则一定是传递的是(　　)。

  A. R^5 B. R^3 C. R^2 D. R

11. 集合 $A=\{1,2,3\}$ 上的下列关系矩阵中符合等价关系条件的是(　　)。

12. 设 $X=\{a,b,c\}$, I_X 是 X 上恒等关系,要使 $I_X\bigcup\{\langle a,b\rangle,\langle b,c\rangle,\langle c,a\rangle,\langle b,a\rangle\}\bigcup R$ 为 X 上的等价关系,R 应取(　　)。

    A. $\{\langle a,c\rangle,\langle c,a\rangle\}$ B. $\{\langle b,a\rangle,\langle c,b\rangle\}$

    C. $\{\langle b,a\rangle,\langle c,a\rangle\}$ D. $\{\langle a,c\rangle,\langle c,b\rangle\}$

13. 设 $\mathbf{Z}$ 为整数集,下面哪个序偶不构成偏序集(　　)。

    A. $\langle\mathbf{Z},<\rangle$,$<$ 表示小于的关系   B. $\langle\mathbf{Z},\leqslant\rangle$,$\leqslant$ 表示小于等于的关系

    C. $\langle\mathbf{Z},=\rangle$,$=$ 表示等于的关系   D. $\langle\mathbf{Z},|\rangle$,$|$ 表示整除的关系

14. 序偶 $\langle P(A),\subseteq\rangle$ 必为(　　)。

    A. 非偏序集   B. 线序集   C. 良序集   D. 偏序集

15. $\langle A,\leqslant\rangle$ 是一个偏序集,其中 $A=\{2,3,6,12,24,36,48\}$,$\leqslant$ 为 A 上的整除关系,元素 48 能盖住元素(　　)。

    A. 6   B. 12   C. 24   D. 36

16. 集合 $A=\{1,2,3,4\}$ 上的偏序关系图如图 4-6 所示,则它的哈斯图为(　　)。

 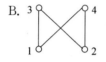

17. 设偏序集 $\langle A,\leqslant\rangle$ 关系 $\leqslant$ 的哈斯图如图 4-7 所示,若 A 的子集 $B=\{2,3,4,5\}$,则元素 6 为 B 的(　　)。

    A. 下界   B. 上界

    C. 最小上界   D. 以上答案都不对

18. 下面函数(　　)是单射而非满射。

    A. $f:\mathbf{R}\to\mathbf{R},f(x)=-x^2+2x-1$

    B. $f:\mathbf{Z}^+\to\mathbf{R},f(x)=\ln x$

    C. $f:\mathbf{R}\to\mathbf{Z},f(x)=[x]$,$[x]$ 表示不大于 x 的最大整数

    D. $f:\mathbf{R}\to\mathbf{R},f(x)=2x+1$

其中 $\mathbf{R}$ 为实数集,$\mathbf{Z}$ 为整数集,$\mathbf{R}^+,\mathbf{Z}^+$ 分别表示正实数与正整数集。

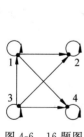   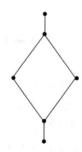   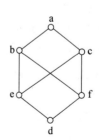

图 4-6　16 题图   图 4-7　17 题图   图 4-8　19 题图

19. 图 4-8 描述的偏序集中,子集 $\{b,e,f\}$ 的上界为(　　)。

    A. b,c B. a,b C. b D. a,b,c

20. 设 $S=\{1,2,3\}$,定义上的等价关系:
$$R=\{\langle a,b\rangle,\langle c,d\rangle\,|\,\langle a,b\rangle\in S\times S,\langle c,d\rangle\in S\times S,a+d=b+c\}$$
则由 R 产生的 $S\times S$ 上一个划分共有( )个分块。

    A. 4   B. 5   C. 6   D. 9

4-3 不定项选择题。

1. 设 $\langle A,\leqslant\rangle$ 是偏序集,$B\subseteq A$ 下面结论正确的是( )。

    A. B 的极大元 $b\in B$ 且唯一

    B. B 的极大元 $b\in B$ 且不一定唯一

    C. B 的上界 $b\in B$ 且不唯一

    D. B 的上确界 $b\in A$ 且唯一

    E. B 的最大元 $b\in A$ 且唯一

2. 下列命题正确的有( )。

    A. 若 g,f 是满射,则 $g\circ f$ 是满射

    B. 若 $g\circ f$ 是满射,则 g,f 都是满射

    C. 若 g,f 是单射,则 $g\circ f$ 都是单射

    D. 若 $g\circ f$ 单射,则 g,f 是单射

    E. 若 g,f 双射,则 $g\circ f$ 是双射

3. 下列关系中不能构成函数的是( )。

    A. $\{\langle x,y\rangle\,|\,(x,y\in\mathbf{N})\wedge(x+y<10)\}$

    B. $\{\langle x,y\rangle\,|\,(x,y\in\mathbf{R})\wedge(y=x^2)\}$

    C. $\{\langle x,y\rangle\,|\,(x,y\in\mathbf{R})\wedge(y^2=x)\}$

    D. $\{\langle x,y\rangle\,|\,(x,y\in\mathbf{Z})\wedge(x\equiv y(\mathrm{mod}\ 3))\}$

    E. $\{\langle x,y\rangle\,|\,(x,y\in\mathbf{R})\wedge(y=|x|)\}$

4. 设 R_1 和 R_2 是非空集合 A 上的等价关系,确定下列各式是 A 上的等价关系有( )。

    A. $A\times A-R_2$ B. $R_1\oplus R_2$ C. $R_1\bigcup R_2$ D. $R_1\bigcap R_2$

    E. $A\times A-R_2\bigcap R_2$

4-4 解答题。

1. 设 N 是自然数集合,定义 N 上的关系 R 如下:$\langle x,y\rangle\in R\Leftrightarrow x+y$ 是偶数。

(1) 证明 R 是 N 上的等价关系。

(2) 求出 N 关于等价关系 R 的所有等价类。

(3) 试求出一个 N 到 N 的函数 f,使得 $R=\{\langle x,y\rangle\,|\,x,y\in\mathbf{N},f(x)=f(y)\}$。

2. 设 $A=\{1,2,3,4\}$,在 $P(A)$ 上规定二元关系:$R=\{\langle s,t\rangle\,|\,s,t\in P(A)\wedge(|s|=|t|)\}$,证明:$R$ 是 $P(A)$ 上的等价关系并写出商集 $P(A)/R$。

3. 若集合 $X=\{\langle 0,2\rangle,\langle 1,2\rangle,\langle 2,4\rangle,\langle 3,4\rangle,\langle 4,6\rangle,\langle 5,6\rangle,\langle 6,6\rangle,\}$,

$R=\{\langle\langle x_1,y_1\rangle,\langle x_2,y_2\rangle\rangle\,|\,x_1+y_2=x_2+y_1\}$

(1) 证明 R 是 X 上的等价关系;

（2）求出 X 关于 R 的商集。

4. 求出下列偏序集 $\langle A, \leqslant \rangle$ 的盖住关系 $\mathrm{Cov}A$，画出哈斯图，找出 A 的子集 B_1、B_2 和 B_3 的极大元、极小元、最大元、最小元、上界、下界、上确界和下确界。

$A = \{a, b, c, d, e\}$，$\quad \leqslant = \{\langle a, b \rangle, \langle a, c \rangle, \langle a, d \rangle \langle a, e \rangle, \langle b, e \rangle, \langle c, e \rangle \langle d, e \rangle\} \bigcup I_A$

$B_1 = \{b, c, d\}$，$\quad B_2 = \{a, b, c, d\}$，$\quad B_3 = \{b, c, d, e\}$

第5章 图 论

5.1 图 的 概 念

从本节开始介绍离散数学中应用最为重要的图论，首先对于图论这两个字的理解不同于我们日常生活中的图，数学中的图是指由简单线条或者闭曲线等组合的形状，这种图并不是由马赛克或者照片组成的。

图论中主要的研究内容是基于两点之间的关系而建立的。在上一章中给出了关系图和偏序关系，这种关系也可以直接应用到图论的理解和应用上。我们首先给出图的数学定义。

定义 5-1（图） 图是指由三元组 $\langle V(G), E(G), \varphi_G \rangle$ 表示的，其中 $V(G)$ 是指一个非空集合，称为**结点集**，其中的元素是图中出现的所有的顶点或结点。$E(G)$ 是指一个将所有的边作为元素的集合，简称**边集**。φ_G 是指将边集与结点集关联起来的有序或者无序的函数或者关系。

定义中 V(vertex)表示顶点；E(edge)表示连接两个结点的边；G(graphic)图，或者这个图的名称为 G。

可以从定义中看到一个图至少需要一个结点和一个边集与结点的函数，也就是说一个图可能没有边，但是必定至少有一个结点，还有一个定义在上面的关系，这如同第4章所讲的那样，我们可以把有序关系和无序关系加到结点上。同样也可以将图按照关系画出它的关系图和关系矩阵，只是这里图与关系图在名称、有序及无序上有点差别，我们以例 5-1 做说明。

【例 5-1】（图） 一个图已知结点 $V(G) = \{a, b, c, d\}$，$E(G) = \{e_1, e_2, e_3, e_4, e_5\}$ 其中定义在边上的关系为：

$$\varphi_G(e_1) = (a,b), \varphi_G(e_2) = \langle b,d \rangle, \varphi_G(e_3) = \langle d,a \rangle, \varphi_G(e_4) = \langle a,c \rangle, \varphi_G(e_5) = \langle c,c \rangle$$

作出它的图和图矩阵。

解：根据结点我们首先画出它散开的结点，然后按照关系连接各结点，最后再根据关系在它的边上标注边的名称，如图 5-1 所示。

在作图中我们特别需要注意两点：

第一、$\varphi_G(e_1) = (a,b)$ 的括号是一对**圆括号**，这表示 e_1 是**没有给定方向的**或无向的，或者说他们两个可以由 $a \rightarrow b$ 或者 $b \rightarrow a$。因而可以表示成：

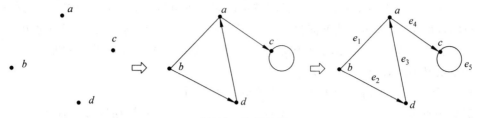

图 5-1 作图过程

$$\varphi_G(e_1) = \langle a,b \rangle \wedge \varphi_G(e_1) = \langle b,a \rangle$$

对于其他的序偶,由于是有序的所以是带箭头的。

第二、$\varphi_G(e_5) = \langle c,c \rangle$ 表示边 e_5 上的**环或者环路**,由于自身指向自身在图中相当于一个无向的路,因为它的方向没有任何实际意义,因此可以看作是一个 $\varphi_G(e_5) = (c,c)$。

显然对于它的图的矩阵,我们完全可以参照关系矩阵来设置:

$$\boldsymbol{M}_G = \begin{bmatrix} 0 & e_1 & e_4 & 0 \\ e_1 & 0 & 0 & e_2 \\ 0 & 0 & 0 & 0 \\ e_3 & 0 & 0 & e_5 \end{bmatrix} = \begin{bmatrix} 0 & 1 & 1 & 0 \\ 1 & 0 & 0 & 1 \\ 0 & 0 & 0 & 0 \\ 1 & 0 & 0 & 1 \end{bmatrix}$$

我们在矩阵的表示时,在有关系的序列的位置上直接填上了它的边,或者直接填成数字,特别需要注意的是 e_1 边,由于是**无向的**,所以它可以理解为**双向的**。另外在矩阵表示时,目前我们将"存在关系"记为数字 1。但是,在下面的内容中会发现有时候边是有长度的,因此,在矩阵表示时,有长度的边可以填上它的边的长度。

从上面的例子可以看出一个图可以是由两种不同的边组成:一种是有向的,一种是无向的。我们一般把只有无向边组成的图称之为**无向图**,把全部由有向边组成的图称为**有向图**,如果既有无向边又有有向边,那么这个图称为**混合图**。

下面再看图 5-2,在这个图上介绍关于图的另外一些概念。

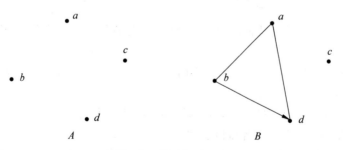

图 5-2 零图与孤立点

图 5-2 中,A 图只有一些点,没有任何边连接它们;B 图中有三个点是连接的,但是有一个点是单独的,我们把这种单独的,没有和其他结点连接的点称之为**孤立点**。例如两个图中的 c 点都是这样的,因而两个图中都是孤立点。如果像图 A 一样整个图全部是由孤立点组成的,那么这个图称为**零图**。更特别的,如果图中仅仅只由一个孤立点组成,那么这个图称之为**平凡图**。

有一些图不用边来表示,那么这种图就可以完全使用第 4 章的关系图来表示,这样更能突出结点的作用,此时的图就简化成 $G=\langle V,E\rangle$,其中 V 依旧是结点,E 依旧是边,只是这个边没有像 e_1 这样的名称,取而代之的是 $\langle a,b\rangle$。这是一种简化图的表示方式,实际上它将原来定义中的 φ_G 整合到了 E 中。

现在,我们在这种简化的表达方式上来介绍关于图的一些性质:

定义 5-2(度) 在给定的图 $G=\langle V,E\rangle$ 中,与结点 $v\in V$ 直接连接的边数称之为结点的度,记作 $\deg(v)$。其中,由结点 v 指向别的结点的边数称之为出度,记作 $\text{outD}(v)$;由其他结点指向结点 v 的边数称之为入度,记作 $\text{inD}(v)$。

从这个定义可以知道一个结点的度等于结点的出度加上入度,换而言之就是

$$\deg(v)=\text{outD}(v)+\text{inD}(v)$$

如果将每个结点的度按照大小排列,那么最大的度称之为最大度,同理最小的度称之为最小度。

定理 5-1(握手定理) 任何图中,结点的度数的总和等于边数的两倍,记作:

$$\sum_{v\in V}\deg(v)=2\mid E\mid$$

证明:由于每条边必定有两个结点与之相连,那么每一条边给结点的贡献量就是度。因为在计算总的度数时,重复计算了一次共同拥有的边,所以图中的结点度数必然是边的两倍。需要说明的是对于**环**,它相当于一个边两端连接的都是同一个点,所以**环路对于一个结点贡献两次度**。

在这个定理之上又可以得到另外一个关于结点度的定理:

定理 5-2(奇度结点总数偶化) 任何图中度数为奇数的结点的个数必定为偶数。

因为定理 5-1 限制了总度数为偶数,那么贡献为奇数的结点只有偶化才能满足定理 5-1。这个定理我们可以用公式表示,设度数为奇数的结点集合为 V_1,度数为偶数的结点集合为 V_2,那么就存在:

$$\sum_{v\in V_1}\deg(v)+\sum_{v\in V_2}\deg(v)=2\mid E\mid$$

所有图的结点的度都有上面的性质,不论是不是有向图。下面则是有向图的结点特有的性质。

定理 5-3(出入度恒等性) 在任何**有向图**中,所有结点的出度之和等于所有结点的入度之和。(证略)

这个理论很显然是成立的,有输出贡献,那么必然就有结点接受贡献。

现在再介绍一些有关图的名称和定义。

定义 5-3(平行边) 若图中两个任意两个结点 v_1 和 v_2 之间存在多条直接连接且同向的边,那么这些边之间称之为平行边。特别的,如果 $v_1=v_2$,那么每一条边就是一个环,这些环叫平行环。

这个定义可以解释为,如果两个结点之间是无向边,显然不用区分方向,只要它们的端点都是相同的,那么这些无向边就是平行边。显然在同一个结点上的多个环可以看作无向边,那么叫作平行环。在有向图中,只有相同方向的边才能称之为平行边。如图 5-3 所示,存在几组平行边。

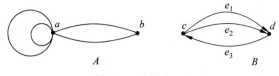

图 5-3　平行边、环

图 5-3A 中,端点 a 上有两个平行环,端点 a,b 之间有两条平行边;图 B 中,端点 c,d 之间的两条边 e_1,e_2 为平行边,而边 e_3 与边 e_1,e_2 方向不同,所以不是平行边。在这个基础上我们又定义:

定义 5-4(完全图)　既不含平行边也不含环的图称为**简单图**。含平行边的图称为**多重图**。若在简单图上的每一对结点都有边相连,那么这个图称之为**完全图**。

如果一个完全图是无向图,且有 n 个结点,那么这个图可以记作 K_n,这个图一般运用在对边的计数上,例如定理 5-4。

图 5-4　几种完全图

定理 5-4(无向图的边计数)　若有 n 个结点的无向完全图 K_n,那么这个图的边数为 $\frac{1}{2}n(n-1)$。

图 5-4 中,(1)是 K_5,(2)是 3 阶有向完全图,(3)是 4 阶竞赛图。

有些图并不是完全图,所以需要使用一些其他的方法使得它是一个完全图,这种方法叫作补图,有点类似中学阶段学习的添加辅助线。

定义 5-5(补图)　已知图 G 不含平行边和平行环,但图 G 并不是完全图,如果添加边使得 G 成为完全图,那么,添加的部分称之为图 G 的补图,并记作 $\bar{G}$。

下面介绍具体的补图概念和方法。

如图 5-5 所示,看到虚线上面一共有三个图,如果把第一个图称之为 G,那么第二个图就是它的补图,因为这两个图重合后就形成了最右边的完全图 K_n。同样,如果把第二个图作为 G,那么第一个图就是它的补图,显然也能得到 K_n,从这个例子来说补图是相对

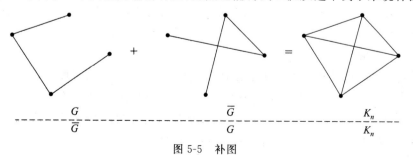

图 5-5　补图

而言的。

除补图之外,离散数学中还定义了另外一个称之为子图的概念,它等同于给出了一个边和顶点集合的子集,下面给出具体定义。

定义 5-6(子图) 设图 $G=\langle V,E\rangle$,若有 $V'\subseteq V,E'\subseteq E$,若存在图 $G'=\langle V',E'\rangle$,则称 G' 为图 G 的子图,也称 G 为图 G' 的**母图**。

为了便于了解子图概念,可以用图 5-6 说明。

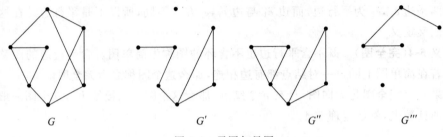

图 5-6　子图与母图

对于图 G 自身来说,G 是它自己的子图,另外,G',G'',G''' 均是 G 的子图。我们发现 G' 包含了 G 的所有结点,那么我们称 G' 为图 G 的**生成子图**。设图 $G=\langle V,E\rangle$,$V'\subset V$ 且 $V'\neq\phi$,称以 V' 为顶点集,以 G 中两个端点都在 V' 中的边组成边集 E' 的图为 G 的 V' **导出子图**,记作 $G[V']$。图 G'' 是 G 的导出子图,而 G''' 不是 G 的导出子图。通过子图的概念,我们还能知道如果对于图 5-5 中的 K_n 作为全图,那么 G 与 $\overline{G}$ 称之为**相对补图**。我们对这个概念推广到一般情况:

定义 5-7(相对补图) 若图 $G=\langle V,E\rangle$ 中有两子图 $G'=\langle V',E'\rangle$,$G''=\langle V'',E''\rangle$,它们存在 $E''=E-E'$ 且限定 V'' 为 E'' 中的边的端点,那么称这两个子图互为相对 G 的补图。

相对补图的概念需要注意的是边点的约束情况,它首先是限定了一个给定的图 G,然后是边是补的,最后在剩余的边中找点。

下面我们介绍图论中的另外一个跟映射相关的概念——**同构**。从字面上理解我们可以把同构理解为具有相同的结构,可能在具体的位置排列上有一定的差别。

定义 5-8(同构) 设图 $G=\langle V,E\rangle$,$G'=\langle V',E'\rangle$,其中点 v_i,v_j 组成 G 的一条边 $e=\langle v_i,v_j\rangle$ 或 $e=(v_i,v_j)$。若存在映射 $g:v_i\rightarrow v'_i$,使得在图 G' 中存在一条对应的边 $e'=\langle v'_i,v'_j\rangle$ 或 $e'=(v'_i,v'_j)$,那么称 G,G' 同构。

从同构的定义可以知道两个图同构,应该具有**相同数量**的**结点和边**,同样也应该具有相同的**结点度**分布。如果将同构的图进行结点排列,最终的两个图应该是相似的。下面举例来说两个图的同构。

对于同构的图可以将一个结点与这个结点相连的边移动到别的地方,如图 5-7 所示,可以将左边的图 G_1 的 c 移动到右边,这样 G_1,G_2,G_3 是相似的,但是我们也发现 G_2,G_3 不同,因为边的方向不同,根据同构定义,我们知道边的方向也应该一致,所以 G_1 在移动 c 时不能改变边的方向,那么 G_1,G_2 同构,G_1,G_3 不同构。

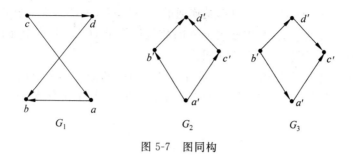

图 5-7　图同构

5.2　路 与 回 路

在生活中,有一类图是用来指导路径和范围的,这类图生活中称之为导航图或者地图,数学中我们只对不同分布的结点间的路径感兴趣,最典型的就是从一个城市到另外一个城市该怎样安排自己的出行路线,下面具体介绍关于这方面的知识。

定义 5-9(路)　图 $G=\langle V,E\rangle$ 中设 $v_i\in V$,$e_i\in E$,$i=0,1,2,3,\cdots$,其中边 e_i 连接两点 v_{i-1} 和 v_i,由结点和边交替链接组成的,且由 v_0 可通往 v_n 的链路 $v_0e_1v_1e_2v_2\cdots v_{n-1}e_nv_n$ 称之为 v_0 到 v_n 的**路**,其中 v_0 称之为**起点**,v_n 为**终点**,$n=|E|$ 为路的**长度**。

首先定义中特别需要注意的是这个链路必须是**可以到达的**,例如在一些有向图中虽然是连接的,但是不能到达,好比马路上单向行驶路段一样,只能一个点到另外一个点,而不是双向的。

对于路可以由不同名称表示方式:

(1)若路中直接略去结点,**只写出边** $e_1e_2\cdots e_n$,且不存在重复边,那么这种表示称之为**迹**。

(2)若路中只用**不同结点表示路**,那么称之为**通路**。

(3)若路中的起始结点和终点均为同一个结点,那么这个路称之为**回路**。

(4)若回路中除了起点终点外的所有结点均不同,那么这个回路称之为**圈**。

为了便于理解,图 5-8 给出了一些示例。

在图 5-8 中 $v_5\to v_3$ 有一条**路** $v_5e_6v_4e_4v_3$ 或表示成**迹** e_6e_4,当然从 $v_5\to v_3$ 的路并不是唯一的,显然还有**通路** $v_5v_4v_1v_2v_3$。我们发现这个图是有向图和无向图的混合,那么对于从 $v_4\to v_2$ 的路来说可以是单

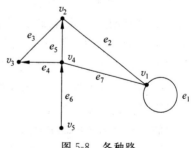

图 5-8　各种路

向的也可以是双向的,例如单向 $v_4e_5v_2$ 或表示成无向(双向)的 $v_4e_7v_1e_2v_2$。若是表示回路 $v_2\to v_2$ 只能是选择 $v_2e_2v_1e_7v_4e_5v_2$ 或 $v_2e_2v_1e_7v_4e_4v_3e_3v_2$,当然还有其他方法,同时这里的回路是一个圈,而且是一个单向圈,但是 $v_1\to v_1$ 的 e_1 是一个双向圈。

无向图中若任意一对结点之间均有通路,那么就称该无向图是**连通的**。若一个图 G

的不同子图 $G_1, G_2, \cdots, G_n$，它们各自都是连通的，若 $G_1, G_2, \cdots, G_n$ 没有公共的结点，那么称这些子图为一个连通分支，其中连通分支的数量记作 $W(G)$。若这个无向图中**只有一个连通分支**，那么这个图就称之为**连通图**。

图 5-9 中左边虚框内为图 G，它的两个子图为 G_1 和 G_2。由于 G_1 和 G_2 没有公共点，所以它有两个连通分支。对于右边的图 G 它只有一个连通分支，所以它是一个连通图。

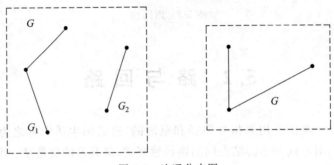

图 5-9 连通分支图

由连通图的特点容易得到：如果删除一些特定结点，那么图的连通性就不能得到保证。这衍生出一个问题，对于连通图中的**结点重要性问题**，例如古代攻城时通常会选择切断敌方后路，而这个后路就是通过占取重要结点完成，这样在敌方看来就不能保证自己的部队的联络连通性。

图论的割集与强连通图等就是研究这个方面的。

定义 5-10（割点、割边） 若删除图 G 某一个结点与它所关联的边，使得图的连通分支变多，那么这个点称之为**割点**或**结点**；若删除图 G 中某一条边使得图的连通分支变多，那么这条边称之为**割边**或**桥**[①]。

显然想要得到割点和割边，只要找到必经之路或必经之结点即可。

定义 5-11（点割集、边割集） 设无向图 $G=\langle V, E \rangle$ 为连通图，点集 $V' \subset V$，若在图 G 中删除 V' 中所有点后**得到的所有子图是不连通的**，那么称 V' 为点割集；同理边集 $E' \subset E$，若在图 G 中删除 E' 中所有边后**得到的所有子图是不连通的**，那么称 E' 为边割集。

可以看到定义 5-10 与定义 5-11 的差别在于割点、割边是单个点和单个边，只要一个就可以使得图的连通性发生改变，而点割集和边割集是集合中所有的点或边同时作用才能使得图的连通性发生改变。

我们还发现若点割集和边割集中只有一个元素时，它就退化为割点和割边。这就是说点割集和边割集的大小有时不是确定的，它们的大小取决于怎样选择结点。为了研究方便我们定义：

最小点割集大小：$k(G) = \min\{|V'| \mid V' \text{ 是 } G \text{ 的点割集}\}$

最小边割集大小：$\lambda(G) = \min\{|E'| \mid E' \text{ 是 } G \text{ 的边割集}\}$

---

① 计算机网络中使用桥来表示一个重要的边路。

另外我们重复列出,最小度和最大度:

$$\delta(G) = \min\{\deg v \mid v \in G\}, \quad \Delta(G) = \max\{\deg v \mid v \in G\}$$

这些最小量之间存在这样的关系:$k(G) \leqslant \lambda(G) \leqslant \delta(G) \leqslant \Delta(G)$

有向图的连通性不同于无向图,这是因为有向图不像无向图那样有传递性和对称性,也就是说有时候有向图的路是一个单向的路,因此在有向图中研究连通性时常用**可达性**来说明。

由于在有向图中从结点 u 到达结点 v 可能不止一条路径,我们把两个点之间最短长度的路表示成距离 $d\langle u,v \rangle$,显然我们可以得到

$$d\langle u,v \rangle \geqslant 0$$
$$d\langle u,u \rangle = 0$$
$$d\langle u,v \rangle + d\langle v,w \rangle \geqslant d\langle u,w \rangle$$

对于任何图,若 u 不可以达到 v,那么记为 $d\langle u,v \rangle = \infty$ 或在计算机网络中常用 $d\langle u, v \rangle = -1$ 表示。

对于有向图,若 u 与 v 可以互相到达,那么 $d\langle u,v \rangle$ 不一定等于 $d\langle v,u \rangle$,这是由于有向图的单向性决定的。

对于任何图,我们把 $D = \max\limits_{u,v \in V} d\langle u,v \rangle$ 称之为图的直径。

在简单的有向图中,关于连通性还有另外一些定义。

定义 5-12(强弱连通图) 在简单有向图 G 中,任何一对结点间**至少有一个**结点到另外一个结点是可达的,那么称这个有向图为**单向连通的**;若这个图的任何一对结点之间是相互可达的,那么称这个图是**强连通的**;若有向图 G 中忽略边的有向性,把它看成无向图,这时才时连通的,那么这个图时**弱连通的**。

我们可以看到若一个图是强连通的,必然也是单侧可达的;若一个图是单侧可达的,必然是弱连通的。反过来则没有这个结论。

图 5-10 中,G_1 是强连通的,因为每个结点都可以到达任意其他结点;G_2 是单向连通的,因为它的每对结点至少有一个结点可以到另外一个。G_3 只是弱连通的,因为负对角线无法可达,所以只有把它当作无向图时才能连通,因而是弱连通的。

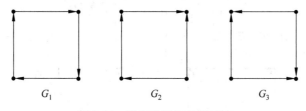

图 5-10　强弱连通与单侧可达

定理 5-5(强连通图判定) 若一个有向图 G 为强连通图,当且仅当图 G 中有一个至少包含各个结点一次的回路。

定义 5-13(连通分图) 若简单有向图的生成子图中,具有最大强连通性的子图称为强分图;具有单向连通性的最大子图为单向分图;具有弱连通性的最大子图为弱分图。

在图 5-11 中,G 的强连通分图为 G_1,G_2,因为它们各自可以组成一个最大的强连通

分量。需要特别注意的是,单个结点也可以看作一个强连通分量。而原先的图 G 本身是一个单向连通的。

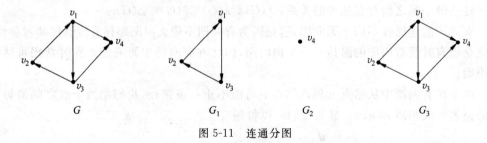

图 5-11　连通分图

5.3　图的矩阵形式

在 5.1 节中我们描述了一个关系矩阵可以用来表示一个图,本节将简短介绍有关图矩阵表示的一些运算和概念。

定义 5-14(邻接矩阵)　设 $G=\langle V,E\rangle$ 是一个简单图,它有 n 个结点,那么用 n 阶方阵来表示 $\boldsymbol{A}(G)=(a_{ij})$,这个矩阵称之为邻接矩阵。其中矩阵中

$$a_{ij}=\begin{cases}1, & v_i \text{ adj } v_j \\ 0, & v_i \text{ nadj } v_j \vee i=j\end{cases}$$

其中 adj 表示邻接,或两个结点有一直接相连的边相连;同样 nadj 表示不邻接。

显然图的邻接矩阵完全可以看作是关系矩阵的一个扩展,那么根据上一章所给:

无向图的邻接矩阵是对称的,有向图的邻接矩阵不一定是对称的,另外如果我们把每行作为一个结点,显然交换任意两行并之后,同时对调与行数对应的两列并不改变原来图的形式,这一种邻接矩阵的调换称之为**等价置换**,如图 5-12 所示。

$$\boldsymbol{A}(G_1)=\begin{bmatrix}0 & 1 & 0 & 0 \\ 0 & 0 & 1 & 1 \\ 1 & 1 & 0 & 1 \\ 1 & 0 & 0 & 0\end{bmatrix}\Rightarrow\begin{bmatrix}0 & 1 & 0 & 0 \\ 1 & 1 & 0 & 1 \\ 0 & 0 & 1 & 1 \\ 1 & 0 & 0 & 0\end{bmatrix}\Rightarrow\boldsymbol{A}(G_2)=\begin{bmatrix}0 & 0 & 1 & 0 \\ 1 & 0 & 1 & 1 \\ 0 & 1 & 0 & 1 \\ 1 & 0 & 0 & 0\end{bmatrix}$$

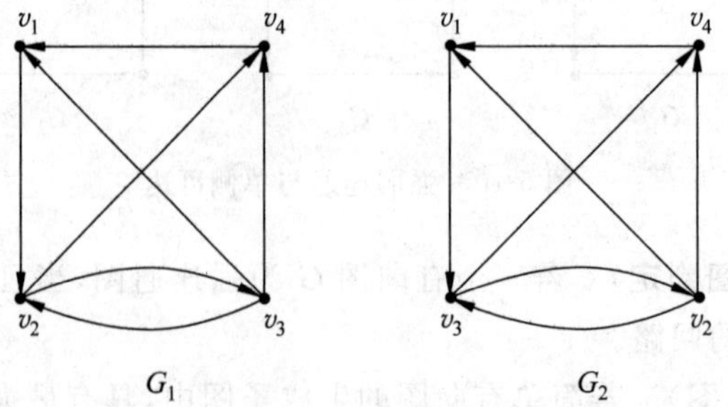

图 5-12　等价置换

我们把**等价置换**归结为：给定行 i,j，那么交换 $A(G)$ 的 i,j **行**得到 $A'(G)$，然后再交换 $A'(G)$ 的 i,j **列**，得到 $A(G')$。若作图，那么直接交换原来图中的对应的两个位置的结点。

根据第 4 章中的关系矩阵的传递性，我们还可以得到邻接矩阵是可以直接计算 $v_i \to v_j$ 长度为 l 的通路的数目 $(a_{ij}^{(l)})_{n \times n}$。

（1）如果 $v_i \to v_j$ 需要走长度为 1 的路，在邻接矩阵中直接看 $a_{ij} = 1$ 即可。

发现若 $l = 1$，那么 $v_i \to v_j$ 间长度为 1 的路的总数为：

$$(a_{ij}^{(1)})_{n \times n} = a_{ij}$$

由矩阵知道这正好是 $A(G)$ 的第 i 行第 j 列的元素。

（2）如果 $v_i \to v_j$ 需要走长度为 2 的路，那么应该有 $a_{ik} = 1$ 且 $a_{kj} = 1$，这样才能使得 $v_i \to v_k \to v_j$ 成立，那么也就有 $a_{ik} \cdot a_{kj} = 1$。

若 $l = 2$，那么 $v_i \to v_j$ 间长度为 2 的路的总数为：

$$(a_{ij}^{(2)})_{n \times n} = a_{i1} \cdot a_{1j} + a_{i2} \cdot a_{2j} + \cdots + a_{in} \cdot a_{nj} = \sum_{k=1}^{n} a_{ik} \cdot a_{kj}$$

由矩阵乘法知道：

$$(a_{ij}^{(2)})_{n \times n} = (A(G))^2$$

$$= \begin{bmatrix} a_{11} & \cdots & a_{1k} & \cdots & a_{1n} \\ \vdots & \ddots & \vdots & \ddots & \vdots \\ a_{i1} & \cdots & a_{ik} & \cdots & a_{in} \\ \vdots & \ddots & \vdots & \ddots & \vdots \\ a_{n1} & \cdots & a_{nk} & \cdots & a_{nn} \end{bmatrix} \begin{bmatrix} a_{11} & \cdots & a_{1j} & \cdots & a_{1n} \\ \vdots & \ddots & \vdots & \ddots & \vdots \\ a_{i1} & \cdots & a_{kj} & \cdots & a_{in} \\ \vdots & \ddots & \vdots & \ddots & \vdots \\ a_{n1} & \cdots & a_{nj} & \cdots & a_{nn} \end{bmatrix}$$

$$= \begin{bmatrix} a_{11}^{(2)} & \cdots & a_{1j}^{(2)} & \cdots & a_{1n}^{(2)} \\ \vdots & \ddots & \vdots & \ddots & \vdots \\ a_{i1}^{(2)} & \cdots & a_{ij}^{(2)} & \cdots & a_{in}^{(2)} \\ \vdots & \ddots & \vdots & \ddots & \vdots \\ a_{n1}^{(2)} & \cdots & a_{nj}^{(2)} & \cdots & a_{nn}^{(2)} \end{bmatrix}$$

显然在最后结果的矩阵中任意一个元素的下标表示了从结点 $v_i \to v_j$ 长度为 2 的路数，例如 $a_{in}^{(2)} = 3$ 表示从 $v_i \to v_n$ 长度为 2 的路一共有 3 条。

（3）如果 $v_i \to v_j$ 需要走长度为 3 的路，那么应该有 $a_{ik} = 1, a_{ks} = 1$ 且 $a_{sj} = 1$，这样才能使得 $v_i \to v_k \to v_s \to v_j$ 成立，那么也就有 $a_{ik} \cdot a_{ks} \cdot a_{sj} = 1$。

为了便于计算我们把后面两个当作一个计算式，那么 $a_{ik} \cdot a_{ks} \cdot a_{sj} = a_{ik} \cdot a_{kj} = 1$，显然从 $v_k \to v_s \to v_j$ 的长度为 2，且可能有 $a_{kj}^{(2)}$ 种方法到达，那么只需要关心 $v_i \to v_k$ 有多少条路，那么显然：

$$(a_{ij}^{(3)})_{n \times n} = (a_{ik}^{(1)})_{n \times n} \cdot (a_{kj}^{(2)})_{n \times n}$$

$$= a_{ik} \cdot (a_{k1} \cdot a_{1j} + a_{k2} \cdot a_{2j} + \cdots + a_{kn} \cdot a_{nj}) = \sum_{k=1}^{n} a_{ik} \cdot a_{kj}^{(2)}$$

$$= A(G) \cdot (A(G))^2 = (A(G))^3$$

按照这样的方法，我们归纳得到：

定理 5-6(l 长度路的数目) 设 $A(G)$ 式图 G 的邻接矩阵,那么通过矩阵乘法得到的 $(A(G))^l$ 中的 i 行 j 列的元素的数值就是 G 中从 v_i 到 v_j 长度为 l 的数目。

定义 5-15(l 可达矩阵) 若 $(A(G))^l$ 中对应的 $a_{ij}^{(l)} \neq 0$,那么称结点 v_i 到 v_j 是 l 步可达的,那么将矩阵 $P_l = (p_{ij})_{n \times n}$ 的对应 $p_{ij} = 1$,其中矩阵 P_l 称为 l 步可达矩阵。

从上一章我们知道,一般情况下 $l \ll n$ 就形成了稳定的矩阵,所以当 l 可达矩阵值不变时,我们把它简称为可达矩阵。

【例 5-2】 计算邻接矩阵的可达矩阵,其中

$$A = \begin{bmatrix} 0 & 1 & 0 & 0 \\ 0 & 0 & 1 & 1 \\ 1 & 1 & 0 & 1 \\ 1 & 0 & 0 & 0 \end{bmatrix}$$

解:(1) 利用矩阵乘法:l 步可达

$$A^2 = \begin{bmatrix} 0 & 0 & 1 & 1 \\ 2 & 1 & 0 & 1 \\ 1 & 1 & 1 & 1 \\ 0 & 1 & 0 & 0 \end{bmatrix}, \quad A^3 = \begin{bmatrix} 2 & 1 & 0 & 1 \\ 1 & 2 & 1 & 1 \\ 2 & 2 & 1 & 2 \\ 0 & 0 & 1 & 1 \end{bmatrix}, \quad A^4 = \begin{bmatrix} 1 & 2 & 1 & 1 \\ 2 & 2 & 2 & 3 \\ 3 & 3 & 2 & 3 \\ 2 & 1 & 0 & 1 \end{bmatrix}$$

显然,将 1 步可达,2 步可达,3 步可达,4 步可达合并

$$B_4 = A + A_2 + A_3 + A_4 = \begin{bmatrix} 3 & 4 & 2 & 3 \\ 5 & 5 & 4 & 6 \\ 7 & 7 & 4 & 7 \\ 3 & 2 & 1 & 2 \end{bmatrix}$$

对应的可达矩阵为

$$P = \begin{bmatrix} 1 & 1 & 1 & 1 \\ 1 & 1 & 1 & 1 \\ 1 & 1 & 1 & 1 \\ 1 & 1 & 1 & 1 \end{bmatrix}$$

(2) 利用第四章的关系矩阵的布尔运算

$$A^{(2)} = \begin{bmatrix} 0 & 1 & 0 & 0 \\ 0 & 0 & 1 & 1 \\ 1 & 1 & 0 & 1 \\ 1 & 0 & 0 & 0 \end{bmatrix} \begin{bmatrix} 0 & 1 & 0 & 0 \\ 0 & 0 & 1 & 1 \\ 1 & 1 & 0 & 1 \\ 1 & 0 & 0 & 0 \end{bmatrix} = \begin{bmatrix} 0 & 0 & 1 & 1 \\ 1 & 1 & 0 & 1 \\ 1 & 1 & 1 & 1 \\ 0 & 1 & 0 & 0 \end{bmatrix}$$

$$A^{(3)} = A^{(2)} A = \begin{bmatrix} 0 & 0 & 1 & 1 \\ 1 & 1 & 0 & 1 \\ 1 & 1 & 1 & 1 \\ 0 & 1 & 0 & 0 \end{bmatrix} \begin{bmatrix} 0 & 1 & 0 & 0 \\ 0 & 0 & 1 & 1 \\ 1 & 1 & 0 & 1 \\ 1 & 0 & 0 & 0 \end{bmatrix} = \begin{bmatrix} 1 & 1 & 0 & 1 \\ 1 & 1 & 1 & 1 \\ 1 & 1 & 1 & 1 \\ 0 & 0 & 1 & 1 \end{bmatrix}$$

$$P = A \vee A^{(2)} \vee A^{(3)} = \begin{bmatrix} 1 & 1 & 1 & 1 \\ 1 & 1 & 1 & 1 \\ 1 & 1 & 1 & 1 \\ 1 & 1 & 1 & 1 \end{bmatrix}$$

这里的第二种方法是计算机运算中常用的方法,因为它比较简单快速。

最后我们介绍图的另外一种矩阵表示,这种表示方式称之为关联矩阵,我们给出它的定义。

定义 5-16(关联矩阵)　给定图 $G = \langle V, E \rangle$,端点和边具体表为 $V = \{v_1, v_2, \cdots, v_n\}$,$E = \{e_1, e_2, \cdots, e_n\}$,给出关联矩阵 $M(G)$:

若为无向图,矩阵 $M(G)$ 满足:

$$m_{ij} = \begin{cases} 1, & v_i \text{ con } e_i \\ 0, & v_i \text{ ncon } e_i \end{cases}$$

若为有向图,矩阵 $M(G)$ 满足:

$$m_{ij} = \begin{cases} 1, & v_i \text{ is the start point of } e_i \\ -1, & v_i \text{ is the end point of } e_i \\ 0, & v_i \text{ ncon } e_i \end{cases}$$

其中 con 表示关联或 e_i 的一个端点是 v_i;ncon 表示无关联或 e_i 的一个端点不是 v_i。

【例 5-3】　用关联矩阵表示图 5-13 所示的有向图。

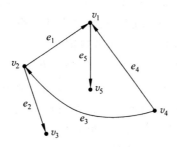

图 5-13　例 5-3 的有向图

解:

	e_1	e_2	e_3	e_4	e_5
v_1	-1	0	0	-1	1
v_2	1	1	-1	0	0
v_3	0	-1	0	0	0
v_4	0	0	1	1	0
v_5	0	0	0	0	-1

5.4 欧拉图与汉密尔顿图

瑞士数学家欧拉在 1736 年发表了一篇关于典型路线安排的问题,这个问题主要描述如下,如图 5-14 所示。

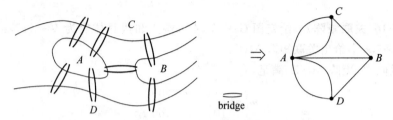

图 5-14 戈尼斯堡七桥问题

一个城市中的一条河将城市分为 4 个部分,其中 A, B, C, D 分别用桥连接,连接的方式如图 5-14 所示,右边是对应的简化图。问题是能否只走一次就可以将所有的桥都走过一遍。欧拉通过证明,发现这个问题是无解的。下面我们给出一些定义和判定定理。

定义 5-17(欧拉图) 设无孤立结点的图 G,若存在一条路,从一个结点经过图上的所有边仅一次可以到达另一结点,那么这个路称之为**欧拉路**。若这个欧拉路是回路,那么称之为**欧拉回路**。具有欧拉回路的图称之为**欧拉图**。

那么什么样的图才是欧拉图呢?我们给出判定方法:

定理 5-7(无向图欧拉路判定) 若无向图 G 具有一条欧拉路,当且仅当 G 是连通的,且有零个或两个度数为奇数的结点;或者当且仅当 G 是连通的,且所有结点度数为偶数。

相对于无向图的欧拉路问题,有向图的欧拉路和回路稍微有点差别。由于欧拉问题直接限定了只能一次走过一条边,所以有向图的欧拉路是单向的。

定义 5-18(单向欧拉路) 给定有向图 G,通过图中所有边仅一次的一条**单向路(回路)**,称之为**单向欧拉路(回路)**。

相对应的判定有向图的欧拉路或回路的定理为:

定理 5-8(单向欧拉路判定) 有向图 G 具有一条单向欧拉回路,当且仅当图 G 是连通的,且每个结点的入度等于出度。若有向图 G 具有**单向欧拉路**,当且仅当图 G 是连通的,且除了起始点和终点外的结点的入度等于出度,另外起始点只有出度 1,终点只有入度为 1。

与欧拉问题相似的还有另外一个就是汉密尔顿问题,如果说欧拉问题是研究的**经过且只经过一次每一条边**的问题,那么汉密尔顿问题就是研究**经过且只经过一次每个结点**的问题。

定义 5-19(汉密尔顿图) 给定图 G,若存在一条路经过图中每个结点仅一次到达终点,那么这条路称之为**汉密尔顿路**。若这个汉密尔顿路是个回路,那么这个路称之为汉密尔顿回路,具有**汉密尔顿回路**的图称为**汉密尔顿图**。

汉密尔顿回路或汉密尔顿图的判定较为复杂,我们直接给出一些汉密尔顿图的必要和充分条件。

定理 5-9(汉密尔顿图的必要条件) 若图 $G=\langle V,E\rangle$ 是汉密尔顿图,那么对于结点集 V 的每一个非空子集 V' 均有 $W(G-V')\leqslant|V'|$,其中 $W(G-V')$ 表示图 G 中删除 V' 后的连通分支数。

定理 5-10(汉密尔顿回路存在充分条件:狄拉克定理) 设图 G 是具有 $n\geqslant 3$ 个结点的连通简单图,若 G 中每一结点 v_i 的度 $\deg v_i\geqslant 0.5n$,那么 G 有汉密尔顿回路。

定理 5-11(汉密尔顿回路存在充分条件:奥尔定理) 设图 G 是具有 $n\geqslant 3$ 个结点的连通简单图,若 G 中每一对不同结点 u,v,都有 $\deg u+\deg v\geqslant n$,那么 G 有汉密尔顿回路。

定理 5-12(汉密尔顿路存在的充分条件) 设图 G 是具有 $n\geqslant 3$ 个结点的连通简单图,若 G 中每一对不同结点 u,v,都有 $\deg u+\deg v\geqslant n-1$,那么 G 有汉密尔顿路。

5.5 平面图与着色

在研究道路桥梁设计时,工程人员常常考虑是否在不架设桥梁的情况下连接各个路段,或者在室内装潢时,水和电两个管路不能出现交叠,这一问题衍生出来的就是如何在一个平面上**路段之间没有重叠的问题**,即数学中的平面图问题,是一个实际应用的问题。

定义 5-20(平面图) 给定无向图 $G=\langle V,E\rangle$,若图 G 中的所有点和边均在一个平面内,且任意两边无交点,那么这个图称之为平面图。

在下面的图 5-15 中我们可以看到,虽然左边看着是有交点的,但是如果把线弯曲可以拉到没有任何交点。

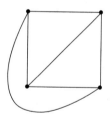

图 5-15 平面图

在设计规划时除了要让路线不交叠,还需要规划路线所围区域的划分,因为路线的划分可以带动区域内经济的发展,因而在研究平面图时随之而来的另外一个问题就是平面图区域的研究。离散数学中给出了面的概念就是研究这个问题的。

定义 5-21(平面图的面与边界) 图 G 是一连通的平面图,由图中边所围的区域称之为**面**,这个面中既不包含孤立的结点,也不包含分支图,其中平面图的面围成的边称为**边界**。

图 5-16 中一共有三个区域,三个面分别是 reg1,reg2,reg3,其中 reg1 由路径 $ABDFDEA$ 围成,reg2 由路径 $BCDB$ 围成,reg3 由路径 $ABCDGDEA$ 围成的外侧,我们

需要特别提出外围区域也是一个面,这个面由于只给定最内层的范围而没有给定外侧的范围,因而称之为**无限面**。我们把围成面的边连同点一起称为**边界范围**。

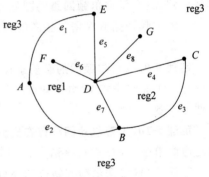

图 5-16　面与边界

其中边的长度总和为**边界的次数**。例如:reg1 的次数为 $e_1+e_2+e_7+e_6+e_6+e_5=6$ 记作 $\deg(\text{reg1})=6$,需要注意的是 e_6 计算了两次,这是因为它从 $D\rightarrow F$ 然后又从 $F\rightarrow D$ 走了两次,再如 reg2 面的边界次数为 $e_3+e_4+e_7=3$ 次。

定理 5-13(面的次数边两倍性)　平面图的所有面的次数之和是边数的两倍。

这个定理很容易证明,因为对于一个面的边的次数,每次算一个区域时,必定需要重复一次计算,所以总和是所有边数的两倍。下面给出另外一个应用比较广泛的定理——欧拉定理。欧拉定理给出了一个具体的平面图中边、顶点、面之间的关系。

定理 5-14(欧拉定理)　设 G 为一平面图,如果它有 v 个结点、e 条边和 r 个面,那么必然会有:

$$v-e+r=2$$

这个定理给出了平面图的一个性质,当然也可以用来判定一个图是不是满足平面图。欧拉定理的证明这里不给出,它的另外一个应用就是在树的边的计算上。

根据欧拉定理可以得到下面的结论。

定理 5-15(结点与边的不等关系)　设 G 是一个有 v 的结点、e 条边的连通简单平面图,若 $v\geqslant 3$,则 $e\leqslant 3v-6$。

证:若图 G 面数为 r,当 $v=3$,$e=2$,定理显然成立;若当 $e\geqslant 3$ 时,那么每一面的次数不小于 3,由定理 5-13 可以知道:

$$2e\geqslant 3r\Rightarrow r\leqslant \frac{2e}{3}$$

带入欧拉定理得到

$$2=v-e+r\leqslant v-e+\frac{2e}{3}=v-\frac{e}{3}$$

$$\Rightarrow e\leqslant 3v-6$$

证毕。

这个定理可以用来判定一个图**不是**平面图,但是不能判定这个图是平面图。

定义 5-22(二部图)　设 $G=\langle V,E\rangle$ 为一个无向图,若能将 V 分成 V_1 和 V_2($V_1\bigcup V_2=V$,$V_1\bigcap V_2=\varnothing$),使得 G 中的每条边的两个端点一个属于 V_1,另一个属于 V_2,则称 G 为二部图(或称二分图,偶图等),称 V_1 和 V_2 为互补顶点子集。

常将二部图 G 记为 $\langle V_1,V_2,E\rangle$。

若 G 是简单二部图,V_1 中每个顶点均与 V_2 中所有顶点相邻,则称 G 为完全二部图,记为 $K_{r,s}$,其中 $r=|V_1|$,$s=|V_2|$。

图 5-17 中,(1)是二部图,(2)也是二部图,(3)和(5)同构图都是 $K_{3,3}$,(4)和(6)都是 $K_{2,3}$。

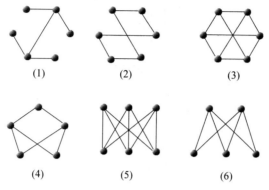

(1)　　　　　(2)　　　　　(3)

(4)　　　　　(5)　　　　　(6)

图 5-17　二部图的区分示意图

二部图判断定理　一个无向图 $G=\langle V,E \rangle$ 是二部图,当且仅当 G 中无奇数长度的回路。

证明:必要性。

若 G 中无回路,结论显然成立。若 G 中有回路,只需证明 G 中无奇圈。设 C 为 G 中任意一圈,令 $C=v_{i1}v_{i2}\dots v_{ii}v_{il}$,易知 $l\geqslant2$。不妨设 $v_{i1}\in V_1$,则必有 $v_{il}\in V-V_1=V_2$,而 l 必为偶数,于是 C 为偶圈,由 C 的任意性可知结论成立。

充分性。

不妨设 G 为连通图,否则可对每个连通分支进行讨论。设 v_0 为 G 中任意一个顶点,令 $V_1=\{v|v\in V(G) \wedge d(v_0,v) is even\}$, $V_2=\{v|v\in V(G) \wedge d(v_0,v) is odd\}$,易知, $V_1\neq \varnothing$, $V_2\neq\varnothing$, $V_1\cap V_2=\varnothing$, $V_1\cup V_2=V(G)$,下面只要证明 V_1 中任意两顶点不相邻, V_2 中任意两点也不相邻。若存在 $v_i,v_j\in V_1$ 相邻,令 $(v_i,v_j)=e$,设 v_0 到 v_i,v_j 的短程线分别为 Γ_i,Γ_j,则它们的长度 $d(v_0,v_i),d(v_0,v_j)$ 都是偶数,于是为 $\Gamma_i\cup\Gamma_j\cup e$ 中一定含奇圈,这与已知条件矛盾。

类似可证, V_2 中也不存在相邻的顶点,于是 G 为二部图。

跟平面图相关的就是对于平面图的着色问题,简而言之就是地图上怎样着色才能用最少的颜色填满不同区域,而且使得相邻区域不同颜色。下面我们给出方法。

定义 5-23(对偶图)　给定平面图 $G=\langle V,E \rangle$ 具有 n 个面 $F_1,F_2,\cdots,F_n$,若有 $G^*=\langle V^*,E^* \rangle$,称为对偶图,当且仅当满足:

(1) G 内任一个面 F_i 内仅有一个 $v^*\in V^*$。

(2)对于 G 内相邻面 F_i,F_j 的公共边 e_k,仅存在一条边 $e_k^*\in E^*$, $e_k^*=(v_i^*,v_j^*)$,且 e_k^* 与 e_k 相交。

(3)当仅有 e_k 为一个面 F_i 的边界时, v_i^* 存在一个环 e_k^* 和 e_k 相交。

为了解释这个定义,我们给出下面的例子。

【例 5-4】　分别求出平面图 G_1 和 G_2 的对偶图,如图 5-18 所示。

对于平面图我们首先在各个面上做出一个空心圆或实心圆,然后用虚线连接它们,只是

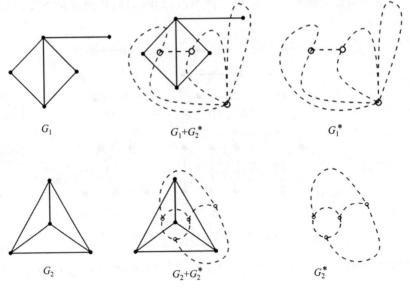

图 5-18 平面图与对应的对偶图

在连接时每条虚线只经过一个实线边。如果两个面是相邻的那么直接连接两个点即可。

这里需要介绍的是 G_2 对偶图与原先的平面图是同构的,因此这个图又称为自对偶的。

对于对偶图的研究使得对图用最少颜色作图提出了一种方法,但是这个方法并不是最简单的,目前还没有找到最公式化的方法,这里我们给出 **Welch Powell** 着色方法。在介绍具体方法前,我们先给出一个定义和定理。

定义 5-24(着色数) 填完平面图,且使得图中相邻区域没有同色所需的最少的颜色数。

定理 5-16(四色定理) 任何平面图的着色数不会超过 4。

首先做出图 G 的对偶图,这里我们不考虑无限面(因为可以把它当作一个底色),将**对偶图标注为无向图 G^***。

Welch Powell 方法:

(1)将图 G^* 的结点按照结点度的大小排列(不考虑有向图),相同度的可按结点标注序号排列。

(2)用任意选定有序 4 色的一种 a,填涂最大度结点 v_i 和与 v_i 不相邻的结点。

(3)对依次剩余的结点用不同于上一步的颜色 b 重复步骤(2)直到填完。

(4)将对偶图的颜色填到对应的原来的图 G 上。

【例 5-5】 给图 G 进行着色,分别用红黄蓝绿填充。

解:首先将图 G 做出对偶图,由于着色只是对区域内部作图,且不管无限面,那么,对应的对偶图只要连接面并且依次经过面的边界即可。得到对应的对偶图后首先需要进行下简化,便于看清结构和关系,然后再对各个结点进行度的计算,如图 5-19 所示,对图进行度的计算,并标在结点旁,然后将结点按照度的大小进行排序。

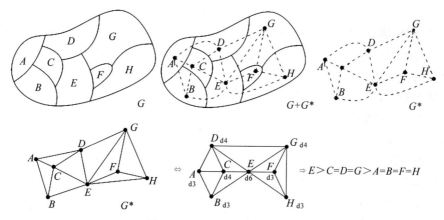

图 5-19　对偶与度的计算排列

排序后如图 5-20 所示,选择前面顺序的字母结点先进行着色,由于给定的是红黄蓝绿,那么先选定红色对 E 以及与 E 不相邻接的 A 着色;去除已着色点 A,E。

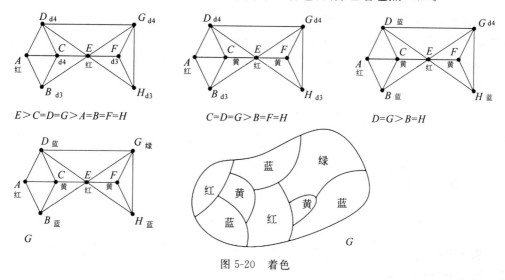

图 5-20　着色

对序列中 C 着色黄色,由于与 C 不相邻的有 F,G,H,但是他们三个相邻,我们只能选一个进行着色,这样 C,F 着色黄色,并从待着色点去除 C,F。

对序列中 D 进行着色蓝色,同时选定着色不相邻点 B,H,从待着色点序列去除 D, B,H,最后一个颜色就只能给 G 点了。

最后我们将原图进行着色。

5.6　无向树与生成树

树是在计算机应用中极为重要的图,数学中的树是根据现实中的树来形象地规定的。层级结构、树状结构、权限管理都是按照树的理论扩展的,下面我们给出树的定义和等价定义。

定义 5-25（树） 若无向图 G 连通且无回路,那么这个图称之为**树**,并用字母 T 表示。度数为 1 的结点称之为**叶子**或**树叶**,度数大于 1 的称为**分支点**或**内点**。两棵树及以上称之为**森林**,多棵树的森林的每个连通分支也是一棵树。

定理 5-17（树等价定义） 给定图 G,下列定义也是树的定义:

(1) 无回路的连通图;

(2) 无回路且 $e=v-1$;

(3) 连通且 $e=v-1$;

(4) 无回路,但是增加一条边就会得到一个有且仅有一个回路;

(5) 连通,但是删去一条边后就不会连通(不删除结点,仅删除边);

(6) 每对结点间有且只有一条路可以到达。

从上面的定义很容易看出,树作为图的一种,只是限定了图的一些性质,那么作为一个普通的图也可以转变成一棵树,由图转变为树的方式就是生成树,具体就是在图 G 的子图中寻找具体符合树定义的图,满足的图就是一棵生成树。

定义 5-26（生成树） 若给定图 G 的子图是一棵树 T,那么这棵树称为 G 的生成树。在生成树中的边称为**树枝**,不再生成树中的边称为**弦**。

显然树枝和弦是相对于 G 的互补边,如图 5-21 为两棵不同的生成树,虚线部分是对应的补。

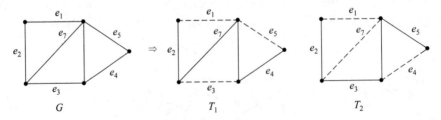

图 5-21　G 生成树 T_1,T_2 及弦

那么哪些图可能含有生成树呢?一般来说只要是连通的图均可以生成一棵树,如果不是连通的,很有可能会生成一个森林。

假定给了一个连通图 G,它含有 n 个结点和 m 个边,若它的生成树正好有 $n-1$ 条边,那么生成这个生成树**必须删除** $m-n+1$ 个边才行,这个被删除的边数 $m-n+1$ 称为连通图的**秩**。请注意这里的用词为必须删除,也就是说如果给定了一个生成树的样式也就给定了必须删除的数目,并不是最大或者最小,因为生成树可能有很多种。

在实际应用中尤其是在城市导航中常用加权树,加权树是将图上的边指定长度,而不是默认的 1,这样不仅仅表示了两个结点的关系,还表示了它们之间的距离。那么,如何才能生成一个所有边的权重和最小的树呢?目前有两个算法:一个是**普林算法**,另外一个是**克鲁斯卡尔算法**。这里我们介绍普林算法。

定义 5-27（最小生成树） 给定图 G,它的所有生成树中边的权重和最小的树称为最小生成树。

定理 5-18（最小生成树算法—普林算法：Prim） 设具有 n 个结点的图 G,按照下列算法生成最小生成树：

（1）对 G 的所有边的权重进行排序；

（2）选取最小边，将它标记为 e_1 放入到最小生成树 T 的集合中，设 $i:=1$；

（3）在 G 中选择不在 T 中，**但是关联 T 中结点**的边 e_i，判断使得若将 e_i 加入到 T 中，T 中不会有回路，且 e_i 是满足这个条件的最小边。

（4）$i:=i+1$ 直到 $i=n-1$ 结束。

【例 5-6】 已知图 5-22 为加权图，求出其最小生成树。

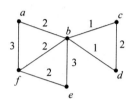

图 5-22 加权图

最小生成树如图 5-23 所示。

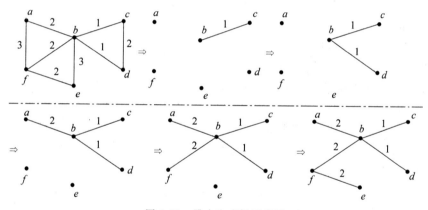

图 5-23 最小生成树示意图

首先我们将边的权重进行排序得到序列 $\{1,1,2,2,2,2,3,3\}$，显然选取最小边 bc 加入到生成树 T 中；与 bc 边端点相连最短为 bd，那么 bd 加入到 T 中；与 bcd 三个点关联的边有 cd,ab,be,bf，其中 bf,ab 权重均为 2 且不行成回路，因而加入 T，由于 cd 的加入形成回路因而舍弃；与点 $abcfd$ 关联的边有 cd,af,fe,be，但是 af,cd 形成回路因而舍去，当加入 fe 时，整个集合 $\{ab,bc,bd,bf,fe\}$ 最小，所以这个集合就是最小生成树。

5.7 有向树与应用

无向图可以生成一棵树或者森林，那么同样有向图也可以生成树，只是在命名和概念操作上有一定的区别。

定义 5-28（有向树） 给定有向图 G，若不考虑边的方向时图 G 是一棵树，那么这个图称为**有向树**。

定义 5-29（根树）   若一棵有向树只有一个结点入度为 0，其余结点入度为 1，那么这棵树称为**根树**。其中入度为 0 的结点称为**根**，出度为 0 的称为**叶子**，出度不为 0 的称为**内点**或**分枝点**。

对于上面两个定义，一棵根树通常可以画成图 5-24 的样子。

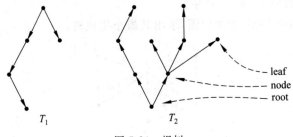

图 5-24   根树

T_1 是数学中常用的一种从上到下的方法，T_2 是一棵现实中的树的生长方式。一棵树若画成图 5-24 的方式，它还有一些其他的名称表示，如图 5-25 所示。

图 5-25 中一共有两棵树 T_1 和 T_2，我们将根结点放在最顶层，它的层级为 $L0$[①] 其余的结点按照层次依次标注，总的层数称为树的**树高**；如图 5-25 中所示。我们注意到 T_2 是只有一个结点的根，因而是**独根树**，这个定义在计算机理论中常常用到。我们还对图 5-25 中 T_1 的结点进行了标注，其中 v_0 为

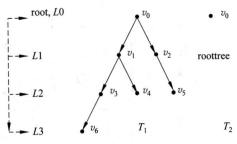

图 5-25   根树的层，关系

根，v_1 是 v_0 的子结点或称 v_1 的父结点是 v_0，进而 v_3，v_4，v_5 是 v_0 的孙结点，v_4，v_5 是堂兄弟结点，v_3，v_4 是同胞结点。另外 v_1 及它的子孙所组成的树又称 v_0 的**左子树**，显然右边包含 v_2 和 v_5 组成的树是**右子树**。

倘若我们对一棵树的结点按照**层级**、**左右**的先后顺序进行有序标注，那么这棵树称为**有序树**。

在图 5-26 中分别给出了 3 棵树，T_1 是一棵编序的树，那么它是一棵有序树。

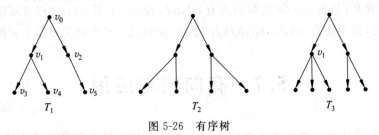

图 5-26   有序树

---

① 这里约定层级为 0 的是根。

我们注意到图 5-26 中 T_1 的每一个结点,无论是根结点还是分枝结点的出度最大为 2,那么样的树就是称为二叉树,同理图 5-26 中 T_2 也是二叉树,而 T_3 显然最大的出度是 3,因而是三叉树。

若 T_2 除了叶子其余的结点均为出度为 2,那么这棵树就是满二叉树。下面我们给出具体的定义:

定义 5-30(m 叉树,完全树,满树) 给定一棵树 T,若这棵树的所有结点的最大出度为 m,那么这棵树称为 **m 叉树**;若 m 叉树除了叶子外的所有结点(包括根)的出度均为 m,那么这棵树称为满 **m 叉树**;若 m 叉树若是有序树,且它的结点的顺序是按照对应的**满 m 叉树的顺序依次无间隔的排列的**,那么这棵 m 叉有序树又称为 **m 叉完全树**。

对于图 5-26 中的 T_1 它是一棵二叉树,但是其中 v_2 的出度为 1 因而不是完全树,显然 T_2 是一棵完全树,也是一棵满二叉树,因此我们可以得到:

完全满 m 叉树必定是 m 叉树,反之不成立。

实际研究中常常只研究二叉树,因为任何 $m(\geqslant 3)$ 叉树均可转化为二叉树。下面给出任意树生成二叉树的方法。

单棵 $m(\geqslant 3)$ 叉树转二叉树:

(1) 将从根开始的所有分枝点的左孩子保留,所有右边的孩子由父子的连接方式改为依次连接到同层的左边的孩子,连接方向从左到右。单个孩子当作左孩子,垂直在下的单个孩子也当作左孩子。

(2) 将第(1)得到的结果按照二叉树改变右边孩子的层级,并保持为右孩子。

森林转二叉树的方法:

(1) 将森林中 T_i 与 T_j 等先分别按照单棵树转为二叉树。

(2) 将 T_i,T_j 的根 r_i,r_j 等按照同层依次连接到左边树的根上。

(3) 再按照单棵树的方法转为二叉树。

下面我们给出一棵实例,解释如何生成一个二叉树。

【例 5-7】 将图 5-27 所示的森林转化为二叉树,并给出详细过程。

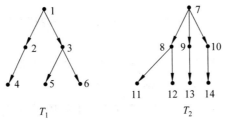

T_1 　　　　　　 T_2

图 5-27　森林

解:转化过程如图 5-28 所示。

定理 5-19 给定一棵完全 m 叉树,其树叶数量为 t,分枝点数为 n,那么有:
$$(m-1)n=t-1$$

定义 5-31(通路长度) 根树中,一个结点 v_i 的通路长度就是从树根到这个结点 w_i 的边数,记作 $L(w_i)$;到达分枝点的长度称为**内部通路长度**,到达树叶的长度称为**外通路**

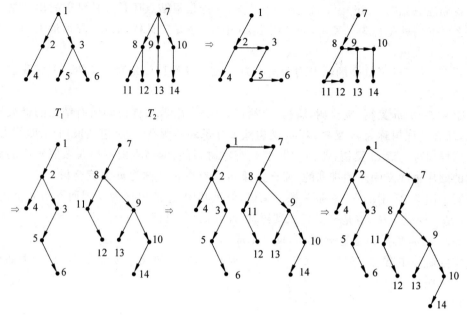

图 5-28　森林转化为二叉树

长度。

定理 5-20（完全二叉树内外通路长度关系）　一个完全二叉树有 n 个分枝点,内部通路长度总和为 I,外部通路长度总和为 E,那么有 $E=I+2n$。

若给定的树的**结点**是有权重的,这种树称为权重二叉树,那么就会有一些很实际的应用,例如计算机网络结点规划,就是一个典型,因为不同路径的计算机网络的重要性不同。

定义 5-32（权重二叉树的权与最优二叉树）　给定带权二叉树 T,有 t 个叶子,若带权 w_i 的树叶结点的通路长度为 $L(w_i)$,那么规定

$$w(T) = \sum_{i=1}^{t} w_i L(w_i)$$

为**二叉树 T 的权**;设 T_i 为 T 所有叶子结点组合成的一棵树,若 $w(T_i)$ 最小,那么 T_i 为**最优树**。

那么怎样才能得到最优树呢？我们给出方法霍夫曼算法:

(1) 将所有有权结点按从小到大排序。

(2) 选择最小的两个权结点 w_i,w_j 组合成一个最优树结点 w_{best} 并加入到最优树的序列的**最前面**。

(3) 在剩余权中选取最小的再与 w_{best} 合成最优结点加入到最优树中,直到没有剩余。

【例 5-8】　给定一组权 1,2,14,18,4,10,17,8,给出它所对应的最优树。

解:首先排序,1,2,4,8,10,14,17,18,过程如图 5-29 所示。

与最优二叉树有关的一个应用就是计算机网络总的通信编码的压缩,假定我们给出了一些字母出现的频率,并把这种频率当作权重,那么我们就可以得到一棵二叉树。这样的二叉树称为霍夫曼编码树,**注意一旦权重给出,那么它的霍夫曼编码树是唯一的。**

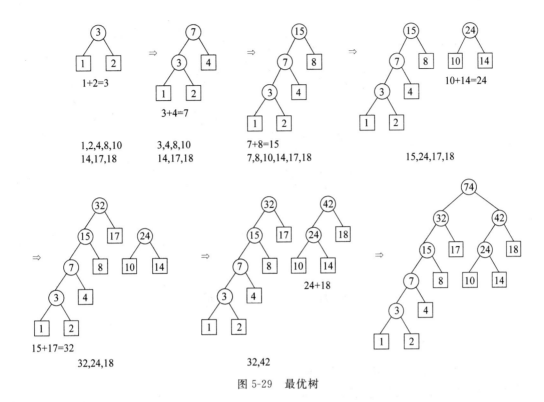

图 5-29 最优树

为了便于理解,我们把连接右孩子的边标记为1,连接左孩子的边表示为0。按照结点左右的顺序构造最优二叉树。然后,再依次从根到该结点写出二进制编码。

【例 5-9】 已知一份加密电报中,字母出现的频率分别为:

字母	a	b	c	d	e	f	g
频率	0.12	0.2	0.07	0.15	0.33	0.23	0.08

给出它的霍夫曼编码。

解:首先按权重进行排序:

字母	c	g	a	d	b	f	e
频率	0.07	0.08	0.12	0.15	0.2	0.23	0.33

然后按照构造最优二叉树的方法构造的二叉树如图 5-30 所示。

这样,我们可以得到 a 的霍夫曼编码,从根结点我们会沿着粗线到达 a 并依次读到 010,因此,a 的霍夫曼编码就是010,对应的我们得到:

字母	a	b	c	d	e	f	g
编码	010	111	0110	110	10	00	0111

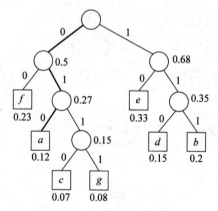

图 5-30　最优二叉树

5.8 习　　题

5-1　判断题。

1. 关联矩阵表示点与边的关系。（　　　）

2. 邻接矩阵表示点与边之间的关系。（　　　）

3. 可达矩阵表示点与点之间有没有路。（　　　）

4. 生成子图与原图具有相同的顶点。（　　　）

5. 平凡图就是零图。（　　　）

6. 无平行边的图是简单图。（　　　）

7. 连通图至少有一棵生成树。（　　　）

8. 连通的无向图 G 一定是平面图。（　　　）

9. 连通的无向图 G 一定是哈密尔顿图。（　　　）

10. 任何树都至少有 2 片树叶。（　　　）

11. 有割点的连通图可能是欧拉图。（　　　）

12. 如果一个有向图 D 是强连通图,则 D 是欧拉图。（　　　）

13. 无向图 G 有生成树的充要条件是 G 为连通图。（　　　）

14. 能一笔画出的图不一定是欧拉图。（　　　）

15. K_5 是平面图。（　　　）

16. 有割点的连通图不可能是哈密尔顿图。（　　　）

17. 根树中最长路径的端点都是叶子。（　　　）

18. 设 G 是一个哈密尔顿图,则 G 一定是欧拉图。（　　　）

19. 若两图结点数相同,边数相等,度数相同的结点数目相等,则两图是同构的。（　　　）

20. 在有 n 个顶点的连通图中,其边数最多有 n 条。（　　　）

21. 若图 G 是不连通的,则 G 的补图 $\bar{G}$ 是连通的。（　　　）

22. 不可能有偶数个结点,奇数条边的欧拉图。(　　)

23. 图 G 中的每条边都是割边,则 G 必是树。(　　)

5-2　单选题。

1. 给定下列序列,(　　)可以构成无向简单图的结点次数序列。

　　A. $(1,1,2,2,3)$;　　　　　　　　　B. $(1,1,2,2,2)$;

　　C. $(0,1,3,3,3)$;　　　　　　　　　D. $(1,3,4,4,5)$。

2. 图 5-31 的最大出度是(　　)。

　　A. 0　　　　　　　　　　　　　　B. 1

　　C. 2　　　　　　　　　　　　　　D. 3

图 5-31　题 5-2(2)的图

3. 在任何图中必定有偶数个(　　)。

　　A. 度数为奇数的结点

　　B. 入度为奇数的结点

　　C. 度数为偶数的结点

　　D. 出度为奇数的结点

4. 下列各有向图是强连通图的是(　　)。

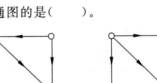

5. 设 G 是有 n 个结点 m 条边的连通平面图,且有 k 个面,则 k 等于(　　)。

　　A. $n-m-2$　　　　　　　　　　　B. $m-n+2$

　　C. $n+m-2$　　　　　　　　　　　D. $m+n+2$

6. 设 n 阶图 G 有 m 条边,每个结点度数不是 k 就是 $k+1$,若 G 中有 N_k 个 k 度结点,则 $N_k=$(　　)。

　　A. $n \cdot k$　　　　　　　　　　　B. $n(k+1)$

　　C. $n(k+1)-m$　　　　　　　　　D. $n(k+1)-2m$

7. 设 G 是连通平面图,有 5 个顶点,6 个面,则 G 的边数是(　　)。

　　A. 9 条　　　　　　B. 5 条　　　　　　C. 6 条　　　　　　D. 11 条

8. 设 D 的结点数大于 1,$D=\langle V,E\rangle$ 是强连通图,当且仅当(　　)。

　　A. D 中至少有一条通路

　　B. D 中至少有一条回路

　　C. D 中有通过每个结点至少一次的通路

　　D. D 中有通过每个结点至少一次的回路

9. 设 G 是 5 个顶点的完全图,则从 G 中删去(　　)条边可以得到树。

　　A. 6　　　　　　　　B. 5　　　　　　　　C. 10　　　　　　　　D. 4

10. 已知无向树 T 中,有 1 个 3 度顶点,2 个 2 度顶点,其余顶点全是树叶,则满足要求的非同构的无向树有(　　)棵。

A. 1　　　　　　B. 2　　　　　　C. 3　　　　　　D. 4

11. 连通图 G 是一棵树,当且仅当 G 中(　　)。

    A. 有些边是割边　　　　　　　　　　B. 每条边都是割边

    C. 所有边都不是割边　　　　　　　　D. 图中存在一条欧拉路径

12. 若一棵完全正则二元(叉)树有 2^n-1 个顶点,则它有(　　)片树叶。

    A. n　　　　　　B. 2^n　　　　　　C. 2^{n-1}　　　　　　D. 2

13. 一个割边集与任何生成树之间(　　)。

    A. 没有关系　　　　　　　　　　　　B. 割边集诱导子图是生成树

    C. 有一条公共边　　　　　　　　　　D. 至少有一条公共边

14. 设 $G=\langle V,E\rangle$ 为无向图,$|V|=7$,$|E|=23$,则 G 一定是(　　)。

    A. 完全图　　　　　　B. 树　　　　　　C. 简单图　　　　　　D. 多重图

5-3　不定项选择题。

1. 下列图一定是树(　　)。

    A. 无回路的简单连通图

    B. 每对顶点间都有通路的图

    C. 有 n 个顶点 $n-1$ 条边的图

    D. 连通但删去一条边仍连通的图

    E. 无回路但增加一条新边后有回路的连通图

2. 二部图 $K_{2,3}$ 是(　　)。

    A. 欧拉图　　　　　　B. 哈密尔顿图　　　　　　C. 平面图　　　　　　D. 无向树

    E. 连通图

3. 下图中是哈密顿图的为(　　)。

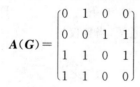

A.　　　　　　B.　　　　　　C.　　　　　　D.　　　　　　E.

5-4　解答题。

1. 设 $G=\langle V,E\rangle$ 是一个简单有向图,$V=\{v_1,v_2,v_3,v_4\}$,邻接矩阵如下:

$$A(G)=\begin{pmatrix}0&1&0&0\\0&0&1&1\\1&1&0&1\\1&1&0&0\end{pmatrix}$$

(1) 求 v_1 的出度 $\deg^+(v_1)$。

(2) 求 v_4 的入度 $\deg^-(v_4)$。

(3) 由 v_1 到 v_4 长度为 2 的路有几条?

2. 有向图 G 如图 5-32 所示。

(1) 写出 G 的邻接矩阵。

(2) 根据邻接矩阵求各结点的出度和入度。

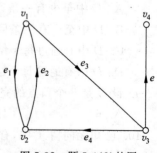

图 5-32　题 5-4(2)的图

(3) 求 G 中长度为 3 的路的总数,其中有多少条回路?

(4) 求 G 的可达性矩阵。

3. 无向图 G 如图 5-33 所示。

(1) 写出 G 的邻接矩阵。

(2) 根据邻接矩阵求各结点的度数。

(3) 求 G 中长度为 3 的路的总数,其中有多少条回路?

4. 如图 5-34 所示的赋权图表示某 7 个城市 $v_1, v_2, \cdots, v_7$ 及它们之间的一些直接通信线路造价,试给出一个设计方案,使得各城市之间能够通信而且总造价最小。

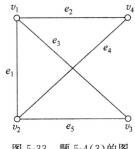

图 5-33　题 5-4(3)的图

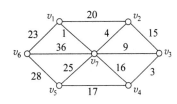

图 5-34　题 5-4(4)的图

5. 给定权 $1, 3, 5, 9, 10, 12, 13, 16, 19, 21$,请根据 Huffman 算法构造一棵最优二元树 T,并求出该最优二元树的权和树高。

6. 完成下列各题:

(1) 画一个有一条欧拉回路和一条汉密尔顿回路的图。

(2) 画一个有一条欧拉回路,但没有汉密尔顿回路的图。

(3) 画一个没有欧拉回路,但有一条汉密尔顿回路的图。

图书资源支持

感谢您一直以来对清华版图书的支持和爱护。为了配合本书的使用,本书提供配套的资源,有需求的读者请扫描下方的"书圈"微信公众号二维码,在图书专区下载,也可以拨打电话或发送电子邮件咨询。

如果您在使用本书的过程中遇到了什么问题,或者有相关图书出版计划,也请您发邮件告诉我们,以便我们更好地为您服务。

我们的联系方式:

地　　址:北京市海淀区双清路学研大厦 A 座 701

邮　　编:100084

电　　话:010—62770175—4608

资源下载:http://www.tup.com.cn

客服邮箱:tupjsj@vip.163.com

QQ:2301891038(请写明您的单位和姓名)

用微信扫一扫右边的二维码,即可关注清华大学出版社公众号"书圈"。

资源下载、样书申请

书圈

扫一扫,获取最新目录